火星叔叔 太空课堂

从地球到月球

郑永春 著

APETIME 时代出版传媒股份有限公司
时代出版 安徽少年儿童出版社

图书在版编目（CIP）数据

火星叔叔太空课堂．从地球到月球 / 郑永春著．—
合肥 ： 安徽少年儿童出版社， 2022.10
ISBN 978-7-5707-1183-3

Ⅰ．①火… Ⅱ．①郑… Ⅲ．①天文学 – 少儿读物②地
球 – 少儿读物 Ⅳ．① P1-49

中国版本图书馆 CIP 数据核字（2021）第 172580 号

HUOXING SHUSHU TAIKONG KETANG CONG DIQIU DAO YUEQIU
火星叔叔太空课堂· 从地球到月球

郑永春　著

出 版 人：张 堃　　　选题策划：丁 倩 方 军　　　责任编辑：丁 倩 方 军
责任校对：冯劲松　　　责任印制：朱一之　　　　　插图绘制：张小燕
装帧设计：智慧树　　　实验设计：宁波艺趣文化传播有限公司
出版发行：安徽少年儿童出版社 E-mail:ahse1984@163.com
　　　　　新浪官方微博：http://weibo.com/ahsecbs
　　　　　（安徽省合肥市翡翠路 1118 号出版传媒广场　　邮政编码：230071）
　　　　　出版部电话：（0551）63533536（办公室）　　63533533（传真）
　　　　　（如发现印装质量问题，影响阅读，请与本社出版部联系调换）
印　　制：合肥华云印务有限责任公司
开　　本：880mm×1230mm　　　1/20　　　印张：8（全 4 册）
版　　次：2022 年 10 月第 1 版　　　　　2022 年 10 月第 1 次印刷

ISBN 978-7-5707-1183-3　　　　　　　　　　定价：100.00 元（全 4 册）

目 录

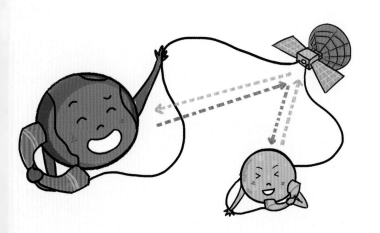

太空中看到的地球是什么样的

坐好了吗?
火星叔叔和他的
星球小助理要带
着你出发喽!

我们生活的地球
上,有高山大海,有花
鸟虫鱼,有车船飞机,
还有不同肤色的人……
但是,从宇宙的深处看
地球,它只是太空中一
个毫不起眼的小蓝点。
即便有外星人经过,它
们可能也不会多看地球
一眼。

打开爸爸妈妈的微信，你会看到一个孤独的人站在巨大的地球前面。进入太空，你就会看到左图这样的地球。

中国新一代气象卫星"风云四号"从太空拍摄的地球最新气象云图，也曾作为微信开屏画面使用。

1968 年 12 月，航天员乘坐"阿波罗 8 号"飞船环绕月球，从 38 万千米之外的太空中，他们看到了一颗蔚蓝色的生机勃勃的星球。

你看到圆圈中间那个暗淡的蓝色小圆点了吗？

1990 年 2 月，"旅行者 1 号"探测器从 64 亿千米之外拍摄地球。它发现，这个我们赖以生存的唯一家园，从太空中看起来就像是阳光下的一粒微尘。

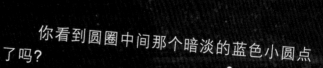

地球为什么宜居

温度：绝大多数生命只能在温度适宜的环境中生存。在**太阳系**内，只有地球表面的温度对生命最友好。

光照：地球到太阳的距离不远不近，刚刚好，才使得地球上有稳定的光照和适宜的环境，这是绿色植物进行光合作用所必需的。

1.5亿千米

水：在太阳系内，只有地球表面有大量的液态水。

大气：地球的大气以氮气和氧气为主，它既是黑夜里给地球保温的"羽绒服"，也是屏蔽太空辐射、阻挡小行星撞击的"防弹服"，还是生命呼吸的养料。

动手动脑： 从地表向上，大气越来越稀薄，根据温度变化，依次可以分为对流层、平流层、中间层、热层和外逸层。找到合适的贴纸，贴到相应的区域里吧！

外逸层

地球大气的最外层。这里的气体分子受到的**引力**很小，逐渐逃离地球，与太空融为一体。

热层

从中间层顶部向上延伸到 250~600 千米处。美丽的极光和大多数人造地球卫星都在这一层。

中间层

从平流层顶部向上延伸到约 85 千米处。在这一层中，海拔越高，温度越低。你看到的流星就是从这一层开始燃烧的。大多数流星都在大气层中烧掉了，所以观赏流星雨的时候，你也不用戴安全帽！

平流层

从对流层顶部向上延伸到约 50 千米处。在这一层中，海拔越高，温度也越高。这里的空气流动十分平缓，超音速飞机和吸收紫外线的臭氧层都在这一层。

对流层

从地球表面向上延伸到 8~17 千米处。在这一层中，海拔越高，温度越低。这里的大气密度最高，集中了四分之三的气体和绝大部分水蒸气，几乎所有天气现象都发生在这里。热气球、小鸟和你放飞的风筝都只能在这一层活动哟。

地球为什么叫蓝色星球

  地球表面约有 71% 的面积被水覆盖，是太阳系八颗行星中唯一表面大部分是海洋的行星。因为我们在太空中看到的地球是蓝色的，所以地球也被称为蓝色星球。

  地球上的四大洋为太平洋、大西洋、印度洋、北冰洋，七大洲为亚洲、欧洲、北美洲、南美洲、南极洲、非洲、大洋洲。

  动手动脑： 动动手，把海洋的部分涂成蓝色，陆地的部分涂成绿色吧！注意，南极洲可是一片冰天雪地哟！

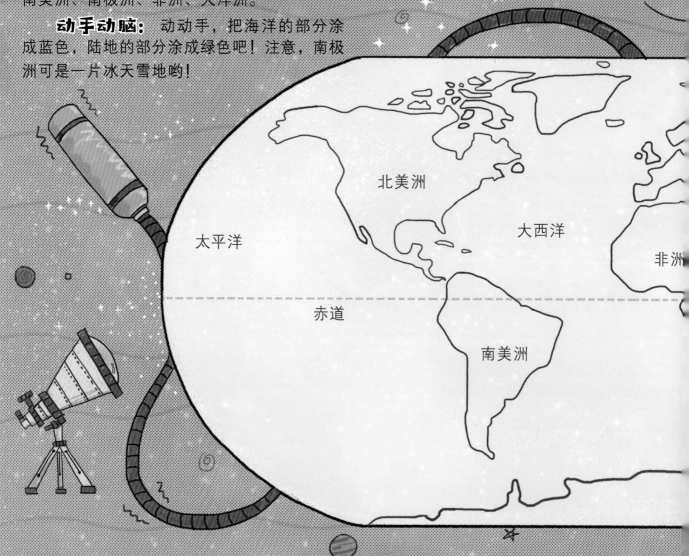

北美洲

太平洋

大西洋

非洲

赤道

南美洲

动手动脑： 找一个地球仪，卸下球体，两人一组，相互抛接 100 次，记录接住球体时右手拇指按在地球仪上的陆地部分的次数，这样你就能大致知道是陆地面积大还是海洋面积大了。

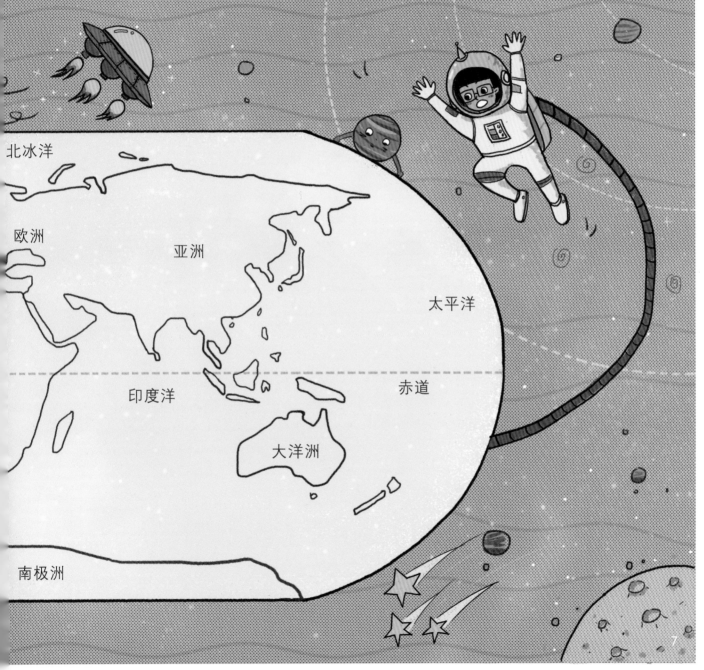

北冰洋

欧洲

亚洲

太平洋

印度洋

赤道

大洋洲

南极洲

地球的"肚子"里都有什么呢

　　如果把地球切开，你会看到什么呢？地球的内部由表及里依次为地壳（qiào）、地幔和地核。

地壳：覆盖整个地球表面的固体外壳，它真的很薄。

莫霍面：地壳和地幔的分界面。1909 年，由克罗地亚地震学家**莫霍洛维契奇**发现。

地幔：位于地壳和地核之间，占地球体积的83%，占地球总质量的68%。地幔分为上地幔和下地幔。

古登堡面：地核与地幔的分界面。1914 年，由德国科学家**古登堡**发现。

地核：分为液态的外核和固态的内核，温度高达 4000 ～ 6000 摄氏度。

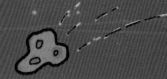

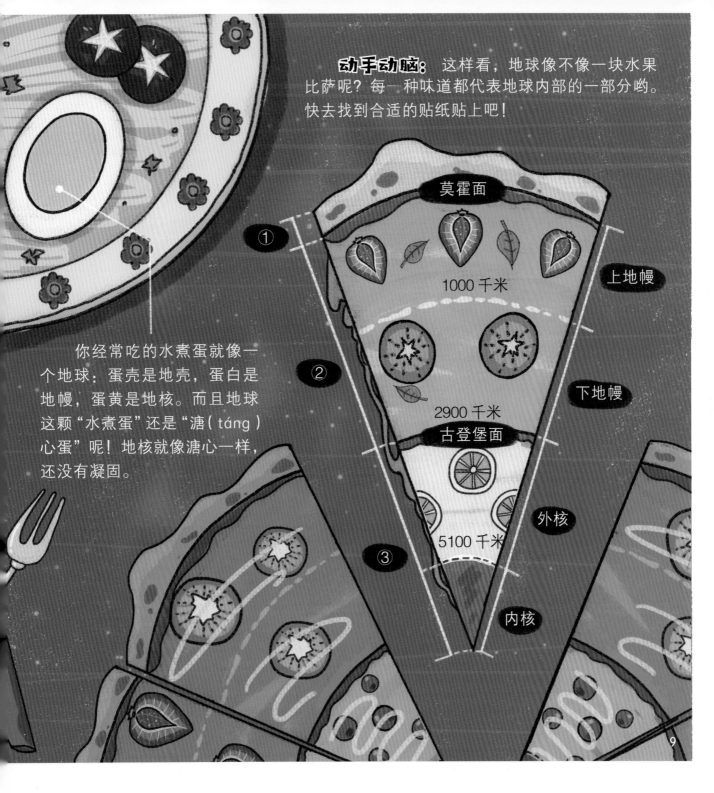

比萨呢？每一种味道都代表地球内部的一部分哟。
快去找到合适的贴纸贴上吧！

你经常吃的水煮蛋就像一
个地球：蛋壳是地壳，蛋白是
地幔，蛋黄是地核。而且地球
这颗"水煮蛋"还是"溏（táng）
心蛋"呢！地核就像溏心一样，
还没有凝固。

① 莫霍面

1000 千米 上地幔

② 下地幔

2900 千米
古登堡面

外核

5100 千米

③

内核

9

怎样证明地球是个球

中国古人认为，天是圆的，地是方的：天空像一把张开的大伞，大地像一块方形的棋盘，日月星辰则像爬虫一样在天空中穿越。

葡萄牙航海家麦哲伦率领船队于1519年9月20日出发，历时1082天，完成人类首次环球航行。

古巴比伦人和古印度人认为，地球是一座驮在海龟背上的山。

古希腊人很早就认为地球是圆的。

随着科技发展，当人造卫星飞出地球时，人们终于看清了地球的外形——它真的是一个球。

中国航海家：**郑和**

成就：7 次下西洋，遍访 30 多个国家和地区，最远到达红海和非洲东岸。

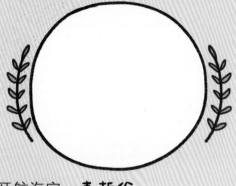

葡萄牙航海家：**麦哲伦**

成就：完成人类首次环球航行，这次航行加上月食等其他观测证据，终于证明地球是个球。

意大利航海家：**哥伦布**

成就：横渡大西洋，发现美洲大陆。

葡萄牙航海家：**达·伽马**

成就：开辟了从欧洲到达东方的新航线。

猜一猜，地球有多大、有多重

如果你坐上光速飞船，1 秒钟就可以绕地球 7 圈半！

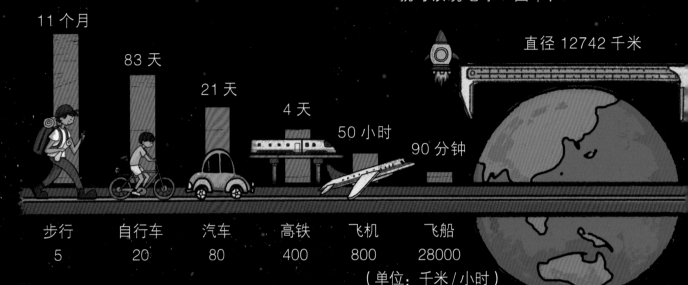

11 个月

83 天

21 天

4 天

50 小时

90 分钟

直径 12742 千米

步行	自行车	汽车	高铁	飞机	飞船
5	20	80	400	800	28000

（单位：千米/小时）

　　地球赤道平均半径约 6371 千米，你沿着赤道绕地球一圈约为 40000 千米。如果乘坐不同的交通工具绕地球一圈，大约需要多长时间呢？

　　地球有 5200 万亿座埃菲尔铁塔或 100 万亿座港珠澳大桥那么重。即便如此，它也只有太阳公公重量的三十三万分之一。

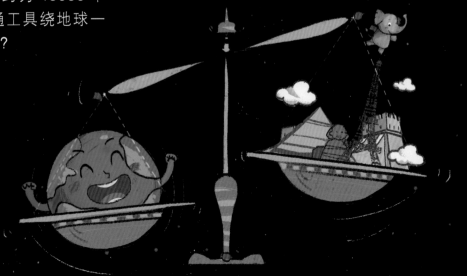

你看，苹果熟了会落地，而不是飞起来；你跳得越高，摔得就越惨，即使插上翅膀，你也飞不起来。这些现象都说明地球有引力。地球上的所有物体都受到引力的影响，根据引力的大小，就能算出地球的质量了。

原来是万有引力搞的鬼！

牛顿

动手动脑： 地球的表面积约 5.1 亿平方千米。问一问你的爸爸妈妈，你的家、你所在的城市和省份有多大呢？对比一下，你就知道我们在地球面前很渺小。

① 你家的面积是_____。
② 你所在的城市的面积是_____。
③ 你所在的省份的面积是_____。

小实验： 阿基米德说："给我一个支点，我能撬起整个地球。"快来试一试用一根筷子撬动"地球"吧！

地球上为什么会有白天和黑夜

地球每天都在自转，你就像坐在飞速转动的摩天轮上，每24小时前进40000千米。即使你躺着不动，也能"坐地日行八万里，巡天遥看一千河"。

太阳离你很远很远，当地球转过来，转到你看见太阳的时候，就迎来了白天；当地球转过去，转到你看不见太阳的时候，就迎来了黑夜。所以，日出和日落，其实是地球转了一圈又一圈。

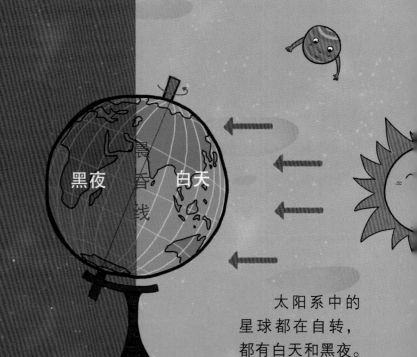

黑夜　晨　昏　白天

太阳系中的星球都在自转，都有白天和黑夜。

中国大陆最东端在黑龙江与乌苏里江交汇处，那里是我国最早看到日出的地方；最西端在新疆的帕米尔高原，那里要到晚上9点多太阳才落下，是最晚送走落日的地方。

大海、高山、草原或大漠，是观赏日出和日落的绝佳地点哟！

跨学科课堂:

大漠孤烟直，长河落日圆。

——[唐]王维《使至塞上》

日出江花红胜火，春来江水绿如蓝。

——[唐]白居易《忆江南》

① ② ③ ④

动手动脑: 按照从早到晚的时间顺序给上面的图片排序，说说你的一天是怎么度过的。 15

地球上为什么会有春夏秋冬

地球不仅自转，同时还绕着太阳公转。地球自转一圈是一天，约 24 小时；公转一圈是一年，约 365 天。

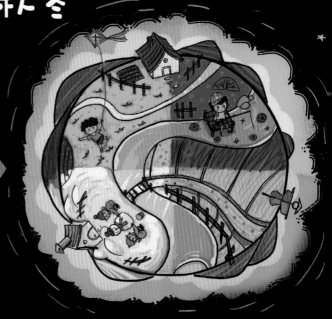

地球的自转轴是倾斜的，这就是季节产生的原因。当北半球倒向太阳时，阳光直射头顶，你就迎来了夏天；当南半球倒向太阳，澳大利亚迎来了夏天，而在中国的你就迎来了冬天。假如把地球扶正，你就再也没有机会体验四季的变化了。

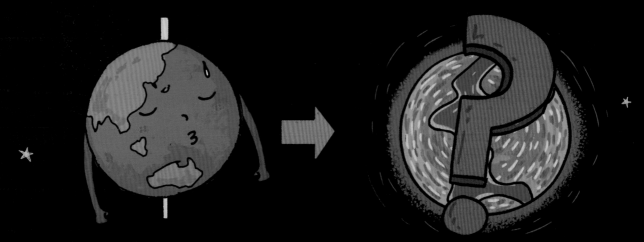

在北半球的你感到夏天热，不是因为地球离太阳近，而是因为阳光直射北半球；感到冬天冷，也不是因为地球离太阳远，而是因为阳光直射南半球。

二十四节气是中国农耕文明的产物，也是劳动人民的智慧结晶。它与四季息息相关，每个季节都有 6 个不同的节气。

春季：立春、雨水、惊蛰、春分、清明、谷雨；
夏季：立夏、小满、芒种、夏至、小暑、大暑；
秋季：立秋、处暑、白露、秋分、寒露、霜降；
冬季：立冬、小雪、大雪、冬至、小寒、大寒。

动手动脑： 快去找到合适的节气贴纸贴上吧！

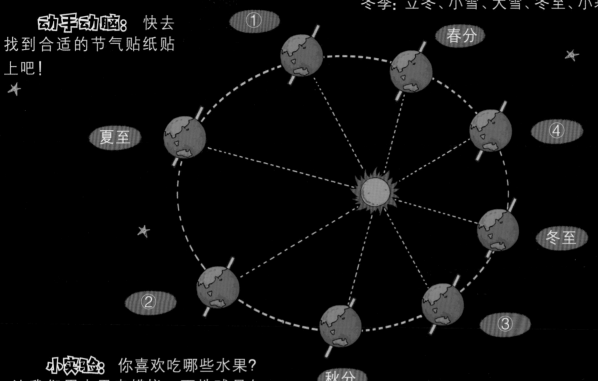

①　春分　④　夏至　冬至　②　③　秋分

小实验： 你喜欢吃哪些水果？让我们用水果来模拟一下地球是如何歪着身子绕太阳转动的。

二十四节气很难记？教你一首《二十四节气歌》吧：
春雨惊春清谷天，
夏满芒夏暑相连。
秋处露秋寒霜降，
冬雪雪冬小大寒。

17

月球也在绕着太阳转吗

地球和月球是好哥俩，它们之间有无形的引力相互牵制着。

绕着行星转的叫卫星，月球是地球唯一的天然卫星。在太阳系中，月球是第五大卫星。

远地点

近地点

月球绕着地球转的轨道是一个椭圆。离地球最远的位置，叫远地点；离地球最近的位置，叫近地点。如果在近地点恰逢满月，这时候的月球看起来比平时大 10% 左右，称为超级月亮。

月球比地球小得多，大约要 50 个月球才能装满地球的"肚子"。

5.00kg

啊，我怎么变轻了！

月球比地球轻得多，大约81个月球加起来才和地球一样重。不管在地球上还是月球上，你的身体质量不会变，但在月球上你受到的重力只有地球上的六分之一。所以，如果你的体重是 30 千克，在月球上的体重计读数就只有 5 千克了。

你知道吗？月球绕着地球转，地球绕着太阳转，所以月球也是被地球带着一起绕着太阳转的。

不信，你就扮成月球，让妈妈（地球）带着你，一起绕爸爸（太阳）转圈，看看你是不是绕着爸爸转圈呢？

动手动脑：运用所学知识，来解开谜题吧！

正月十五的月亮像数字□。

月球是太阳系中的第□大卫星？

地球的"肚子"能装□个月球？

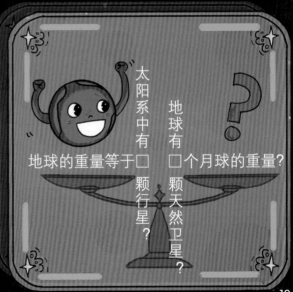

太阳系中有□颗行星？

地球的重量等于□颗天然卫星？

地球有□个月球的重量？

如果没有月球，地球会怎么样

如果没有月球，夜晚会黑暗无比，你可能连自己的手都看不到了。猫头鹰、蝙蝠等**夜行动物**，都会受到不同程度的影响。

如果没有月球，你就看不到月球引力导致的潮水涨落了。海水将均匀地分布在地球表面，大海会变得很平静，你最爱的沙滩可能也没了。

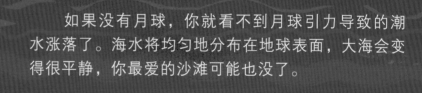

如果没有月球，地球的自转比现在要快得多，每天可能只有几小时到十几小时，一年会长达 1000 多天。

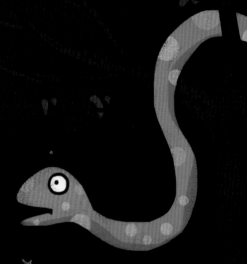

如果没有月球，地球的自转轴将难以保持稳定，气候将出现重大变化，极端天气会频频出现，很多你料想不到的自然灾害也会频繁发生。

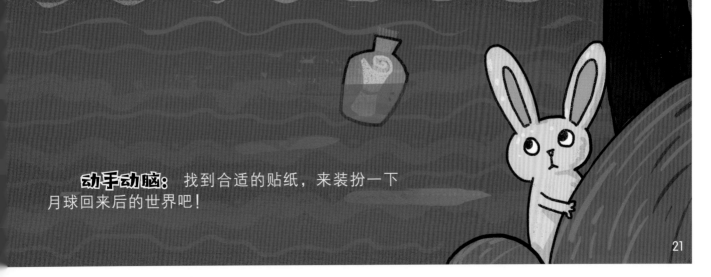

动手动脑： 找到合适的贴纸，来装扮一下月球回来后的世界吧！

白天也能看到月球吗

月球本身不发光，你看到的月球之所以很亮，是因为它就像一面镜子，**反射了**太阳光。

如果学校布置的作业是让你每天晚上观察月球，那你要告诉老师这是不可能完成的！因为每天月球升起的时间都不一样，比前一天晚约 50 分钟，有时比太阳先升起，有时和太阳同时升起，有时比太阳晚升起。日月同辉也不是什么稀罕事，只是那时候月球不够亮，你常常会忽视它。

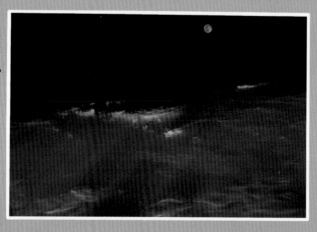

2016 年 6 月，航天员从**空间站**上拍摄的奇景，他写道："日落前，在飞越中国西部时，一轮壮观的满月升起。"想一想，此时的太阳光是从哪个方向射过来的呢？

当你始终面朝妈妈围着她绕圈，她就看不到你的后背了。月球就是这样绕着地球转的。所以，在地球上，你只能看到月球的正面，看不到它的背面。

你知道，月球是个球，不管任何时候都有半个球被太阳照亮。你从地球上看到的月球正面被照亮的部分就是月相。每隔 29 天半，月相形成一个完整的周期。

动手动脑： 按照提示，将被太阳照亮的区域涂成黄色，剩下的区域涂成黑色。完成后，仔细观察月相是如何变化的。

上弦月

农历初七或初八，右侧半个月球被照亮。

农历初二或初三，只有一个弯弯的月牙，而月球的整个背面半球阳光普照。

农历上半月

新月 - - - - - - - - - - - - - - - - 满月

农历下半月

农历十五或十六，月球的正面半球被照亮，而整个背面半球一片漆黑。

下弦月

小实验： 自己动手制作一份月相图吧！

农历二十二或二十三，左侧半个月球被照亮。越接近月末，被照亮的面积越来越小。

月球的脸为什么变红了

太阳光照到地球上，被地球挡住，在它的身后形成了长长的影子，当月球钻进影子时，你就会看到月食。

有时候整个月球钻进地球的影子，你会看到月全食；有时候只有一部分钻进地球的影子，你看到的月球就像被什么东西咬了一口，这叫月偏食。

咔嚓!

红月亮：又称血月。月食发生时，虽然月球钻进地球的影子，但你会发现月球并没有消失，而是变暗、变红了，因此称为红月亮。这是因为太阳光穿过地球大气层，有部分红光发生偏折，照到了月球上。

蓝月亮：如果在同一个月内，看到两次满月，第二次出现的满月称为蓝月亮，代表罕见的意思，并不是月球真的变蓝了。

每隔29天半，我们看到月球的形状从新月、满月再到残月，然后开始新的循环。因为阳历每月长达30天或31天，所以你就有可能在月初和月末都见到满月。

为什么在一个月里会看到两次满月呢？

月球上真的有玉兔吗

如果你到了月球上，你会发现那里跟地球上一样，也有陆地、山脉、峡谷、盆地、"海洋"等。

月陆：这些地方的岩石是浅色的斜长岩，反射阳光的能力很强，所以看起来很亮。

月海：早期的天文学家观测月球，看到一些黑色的斑块，以为月球上也有海洋，就把它们称为月海。但所谓的月海其实是岩浆冷却凝固形成的黑色平原。

伽利略

环形山：400 多年前，**伽利略**将望远镜对准月球，发现了很多环形山。这些小天体撞击形成的圆形凹坑，也叫撞击坑或陨石坑。多以著名科学家的名字命名，比如哥白尼、**祖冲之**、牛顿、第谷，等等。

静夜思
［唐］李白
床前明月光，
疑是地上霜。
举头望明月，
低头思故乡。

水调歌头（节选）
［宋］苏轼
人有悲欢离合，
月有阴晴圆缺，
此事古难全。
但愿人长久，
千里共婵娟。

在这里画出
你的想法吧！

④

动手动脑： 月球上黑色的部分看起来像什么呢？不同地区的人们说法不一。用笔将图中的轮廓勾勒出来，看看它们都像什么呢？

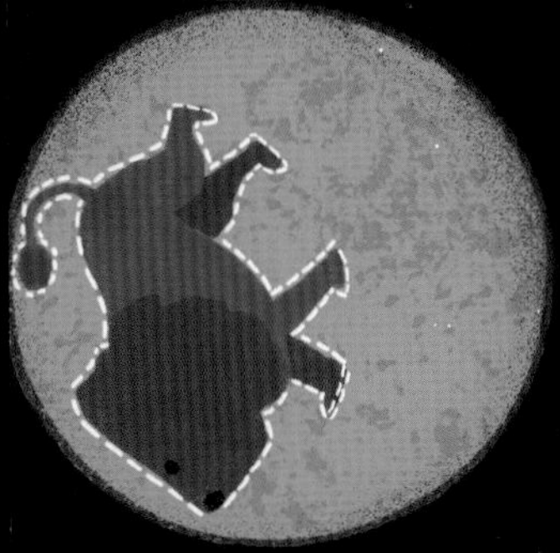

①

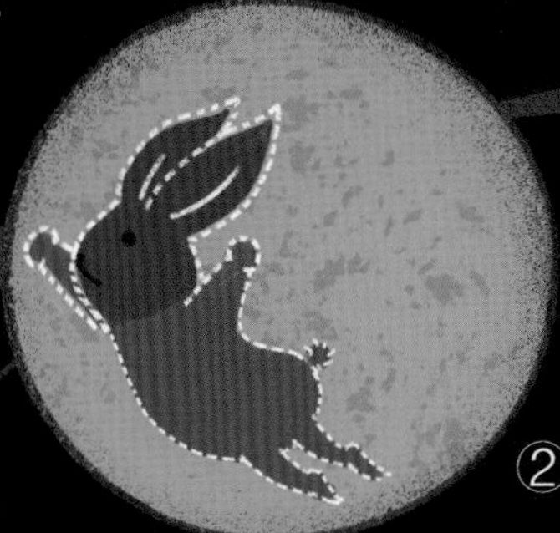

②

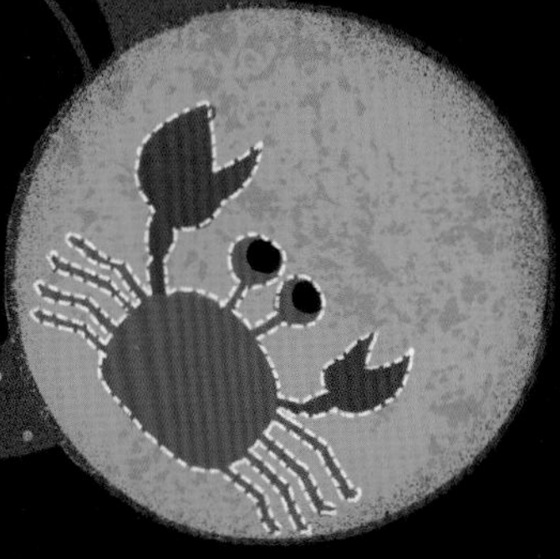

③

27

月球背面有外星人吗

"玉兔二号"

"嫦娥四号"是人类历史上第一个登陆月球背面的航天器，而"玉兔二号"是第一辆登陆月球背面的月球车。它们都没有发现外星人。

探测器在月球背面的冯·卡门环形山登陆，它位于太阳系内最大、最深的南极 – 艾特肯盆地。

经国际天文学联合会 (IAU) 批准，"嫦娥四号"登陆点被命名为天河基地，登陆点周围的三个环形山分别被命名为织女、河鼓和天津。冯·卡门环形山内的中央峰被命名为泰山。你知道它们为什么叫这个名字吗？快去《银河系大黑洞》那本书里找答案吧。

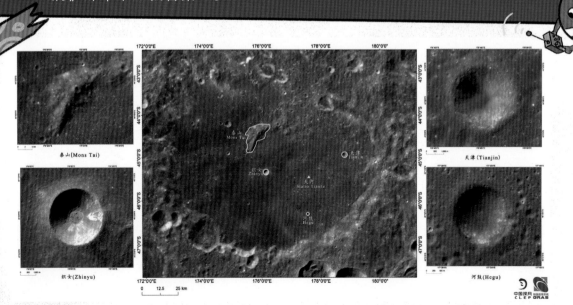

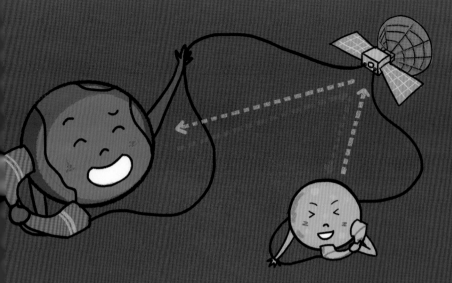

航天器到了月球背面，你在地球上就看不到了，怎么才能跟它们说话呢？别急，为了帮助"玉兔二号"安全驾驶，科学家专门搭建了一座"鹊桥"。它的位置很特殊，从那里既能看到月球背面，又能看到地球。快把你想对月球车说的话发给"鹊桥"吧，它会转发的！

动手动脑： 比较下面的两幅图，你能找到几处不同呢？

人类对月球背面的探索才刚刚开始，那里有很多谜团在等着你去一探究竟哟！

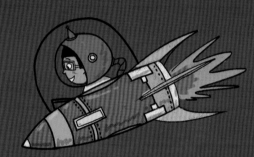

动手动脑： 敢不敢来一场天文知识闯关挑战赛？

从地球到月球要多久

地球到月球的平均距离是 38.44 万千米。

你如果坐宇宙飞船去月球，需要多少天呢？答案是 3 天到十几天不等。因为宇宙飞船不是沿着直线飞行的，而是沿着航天工程师专门设计的轨道飞行的，每个航天器的飞行轨道都不相同。

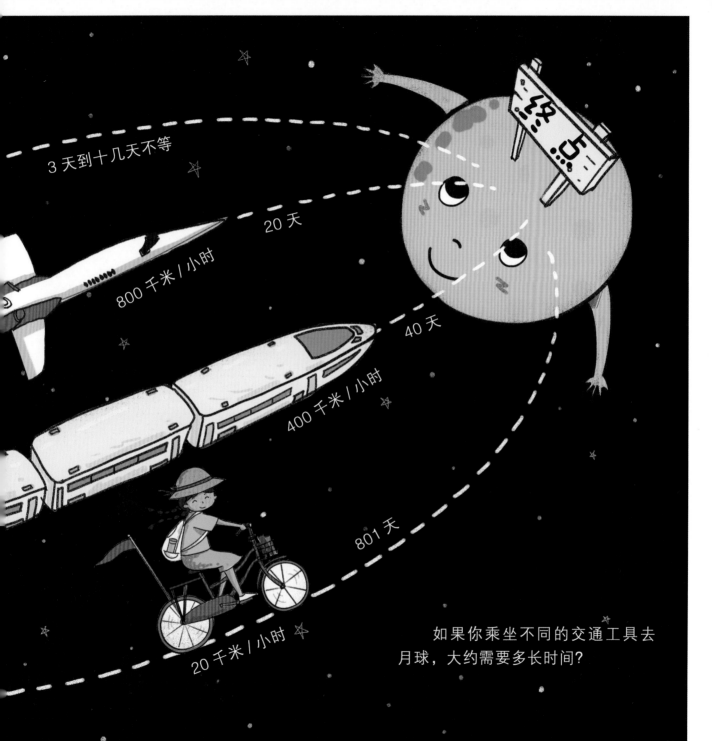

3 天到十几天不等

20 天

800 千米 / 小时

40 天

400 千米 / 小时

801 天

20 千米 / 小时

如果你乘坐不同的交通工具去月球，大约需要多长时间？

月球村什么时候才能建成

1969 年，人类在月球上留下了第一个脚印（见右图）。你看，这个脚印是凸出来的还是凹进去的？把书倒过来，看看有什么变化？根据科学课上学到的影子的知识，想一想阳光是从什么方向射过来的？

月球上没有大气，也没有风霜雨雪；没有江河湖海，也没有任何生命；没有**磁场**的保护，要承受强烈的辐射；昼夜温差高达 300 多摄氏度；环境恶劣，不适合你长期生活。

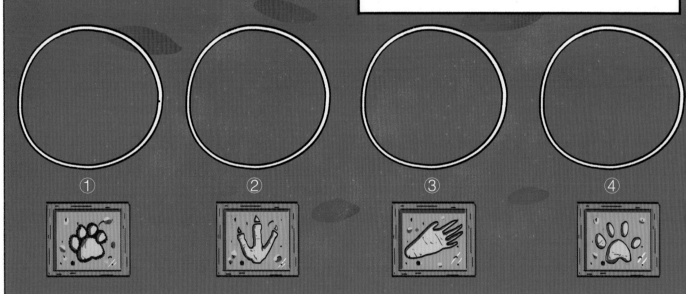

① ② ③ ④

动手动脑： 世界上乘坐热气球旅行的首批乘客是一只鸭子、一头山羊和一只公鸡。你知道吗？还有动物（或动物玩具）上过太空哟！根据脚印，找到相应的贴纸贴上吧！

月球是离地球最近的天体，就像一个永不坠落的天然空间站。因此，我们要建设月球村，把月球作为人类走向深空的中转站。

国际月球村

失重游乐园

我要搬家喽，把游乐园也搬到月球上去！

我们只有一个地球

46 亿年前，一颗火星大小的星球撞击了当时的地球，溅出的碎片形成了现在的月球。

46 亿年来，地球生机勃勃，而月球却十分荒凉。

月球引力的牵制使地球即便歪着身子也能稳定自转，地球上才有了相对稳定适宜的气候，形成了丰富多彩的生态系统。

月球是地球的一面镜子，它告诉你：我们只有一个地球，珍爱地球家园，就是爱护我们自己。

小实验： 开动大脑，打造一个属于你的地球仪。

词汇表

卫星：按一定轨道绕行星运行的天体，本身不发光；也指人造卫星，如气象卫星、通信卫星。据观测发现，一些矮行星和小行星也有自己的卫星。

太阳系：银河系中的天体系统，以太阳为中心，包括太阳、八颗行星及其卫星和无数的小行星、彗星、流星等。

引力：物质之间普遍存在引力，宇宙中所有物质相互制约构成一个统一整体。引力作用规律由牛顿万有引力定律表达，引力作用的空间被称为引力场。

行星：沿近圆形或椭圆形轨道绕太阳运行的大型球状天体，有独立轨道，不发光，只能反射太阳光。

莫霍洛维契奇：生于克罗地亚。1909年根据地震波资料测定了地壳和地幔界面（莫霍面）的深度，开创了用地震波资料研究地球内部结构的方法。

古登堡：生于德国。测定了地幔和地核界面（古登堡面）在地下2900千米附近。著有《地震波》《地球内部组成》等。

郑和：永乐三年（1405年）率船队通使西洋，两年而返。之后又屡次航海，28年间，7次出国，遍访30多个国家和地区，最远抵达非洲东岸和红海，创造了中外航海史上的壮举。

麦哲伦：葡萄牙航海家。1519年由圣罗卡启航，沿巴西海岸南下，经南美洲大陆和火地岛之间的海峡（麦哲伦海峡），入太平洋，1521年3月至菲律宾。后被当地居民所杀。船队于1522年9月返回西班牙，完成人类首次环球航行，证实"地圆说"。

哥伦布：意大利航海家。1492年8月从巴罗斯港启航，10月抵达巴哈马群岛，次年返回西班牙。后又3次航行到加勒比海沿岸，他还以为到了印度，所以把当地人称为印第安人。

达·伽马： 葡萄牙航海家。1497 年奉葡萄牙国王之命，率船队由里斯本启航，探索通往印度的航路。

牛顿： 英国物理学家、数学家和天文学家。牛顿运动定律的建立者和万有引力定律的发现者。由于他建立了经典力学的基本体系，人们常把经典力学称为牛顿力学。

夜行动物： 夜行动物的活动很有规律性——白天休息，晚上出来活动。蝙蝠、蜗牛、猫头鹰等都是夜行动物。

反射： 光线、声波等从一种介质到达另一种介质的界面时返回原介质。

空间站： 一种在地球卫星轨道上航行的载人航天器，设置有通信、计算等设备，能够进行天文、生物和空间加工等方面的科学技术研究。

伽利略： 意大利物理学家、天文学家。通过实验，发现物体的惯性定律、摆振动的等时性，并确定了力学相对性原理，被认为是经典力学和实验物理学的先驱，也是用望远镜观察天体取得大量成果的第一人。

祖冲之： 我国南北朝时期杰出的数学家、天文学家，把圆周率精确到小数点后第七位，主持编制当时最先进的历法《大明历》。

磁场： 磁体和有电流通过的导体周围都有磁场。

本书图片来源：

美国宇航局 https://www.nasa.gov/：第 3 页，第 22 页，第 25~26 页，第 32 页，第 34 页。

中国科学院国家天文台 http://www.nao.cas.cn/：第 28 页。

本书数据来源：

中国科学院国家天文台 http://www.nao.cas.cn/

中国地质博物馆 http://gmc.org.cn/

全国科学技术名词审定委员会 http://cnterm.cn/

国家航天局探月与航天工程中心 http://clep.cnsa.gov.cn/

中国科学技术馆 https://cstm.org.cn/

北京科学中心 http://www.bjsc.net.cn/

美国宇航局 https://www.nasa.gov/

国际天文学联合会 https://www.iau.org/

参考答案

第5页：略。

第6~7页：

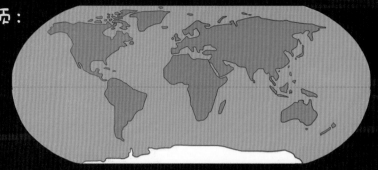

第9页：①地壳；②地幔；③地核。

第11页：

郑和　　　麦哲伦　　　哥伦布　　　达·伽马

第13页：略。

第15页：④③②①。

第17页：①立夏；②立秋；③立冬；④立春。

第19页：50；81。

第 20～21 页：略。

第 23 页：略。

第 27 页：①狮子；②兔子；③螃蟹；④略。

第 29 页：

第 32 页：①猫；②恐龙；③猴子；④狗。

火星叔叔 太空课堂

太阳系大家庭

郑永春 著

APCTIME 时代出版
时代出版传媒股份有限公司
安徽少年儿童出版社

图书在版编目（CIP）数据

火星叔叔太空课堂 . 太阳系大家庭 / 郑永春著 . 一
合肥：安徽少年儿童出版社，2022.10
ISBN 978-7-5707-1183-3

Ⅰ . ①火… Ⅱ . ①郑… Ⅲ . ①天文学 – 少儿读物②太
阳系 – 少儿读物 Ⅳ . ① P1-49

中国版本图书馆 CIP 数据核字（2021）第 172582 号

HUOXING SHUSHU TAIKONG KETANG TAIYANGXI DA JIATING
火星叔叔太空课堂·太阳系大家庭　　　　　　　　　　　郑永春　著

出版人：张 堃　　　选题策划：丁 倩 方 军　　　责任编辑：丁 倩 方 军
责任校对：冯劲松　　责任印制：朱一之　　　　　插图绘制：张小燕
装帧设计：智慧树　　实验设计：宁波艺趣文化传播有限公司
出版发行：安徽少年儿童出版社 E-mail:ahse1984@163.com
　　　　　新浪官方微博：http://weibo.com/ahsecbs
　　　　　（安徽省合肥市翡翠路 1118 号出版传媒广场　　邮政编码：230071）
　　　　　出版部电话：（0551）63533536（办公室）　　63533533（传真）
　　　　　（如发现印装质量问题，影响阅读，请与本社出版部联系调换）
印　　制：合肥华云印务有限责任公司
开　　本：880mm×1230mm　　　1/20　　　印张：8（全 4 册）
版　　次：2022 年 10 月第 1 版　　　2022 年 10 第 1 次印刷

ISBN 978-7-5707-1183-3　　　　　　　　　　　定价：100.00（全 4 册）

目 录

加 油

地球的兄弟姐妹都有谁

太阳公公，地球妈妈，月亮姐姐……太阳系是个大家庭。太阳是当之无愧的家长，它是一个"大胖子"，占整个太阳系总质量的 99.86%，是太阳系的绝对主宰。

天王星

水星

海王星

火星

地球和月球

土星

太阳系有八颗行星。除了水星和金星，其他行星都有自己的卫星。这个家庭里还有矮行星、小行星、彗星等小天体。它们一起组成了一个和谐的大家庭。

星期真的与星星有关吗

你在地球上生活，白天看到最亮的天体是太阳，晚上最亮的天体是月球，加上夜空中肉眼可见的五颗行星（金星、木星、水星、火星、土星），正好是七颗亮星，中国古人将这称为"七曜"。

古人每天用一颗亮星来命名，以日、月、火、水、木、金、土的次序排列，七日一周，周而复始，称为"一星期"。

动手动脑： 敢不敢来一场天文知识闯关挑战赛？

星期日	星期一	星期二
太阳（Sun）	月球（Moon）	火星（Mars）
太阳神索尔	月亮女神露娜	战神玛尔斯

动手动脑： 快去找到合适的星球贴纸，贴在上图中正确的位置吧！

星期三	星期四	星期五	星期六
水星 （Mercury）	木星 （Jupiter）	金星 （Venus）	土星 （Saturn）
神信使墨丘利	主神朱庇特	美神维纳斯	农神萨图恩

　　星期制源于古巴比伦一带，后传到古埃及，又由古埃及传到罗马，公元三世纪以后，被广泛地传播到欧洲各国。明朝末年，星期制传入我国。

我们的第一站，是离太阳最近却不是最热的行星——水星。

在太阳系的八颗行星中，水星的体积最小，只比地球的卫星月球大一点。

水星上正午的温度高达 430 摄氏度，但由于它几乎没有大气层，无法保存热量，昼夜温差高达 600 摄氏度，是八颗行星中昼夜温差最大的。真是冰火两重天，感觉温度计要爆表啦！

这个星球太热了。但你知道吗？在它极地的深坑里，还藏着冰呢！

水星凌日时，通过望远镜，你会看到一个小黑点从巨大的太阳前面穿过，就像探照灯前飞过的蚊子，这个黑点就是水星。每过 10 年左右，水星运行到地球和太阳之间时，你就有机会看到这一现象了。

你在地球上几乎每天都能看到日出，但水星自转一圈要 59 天，在这里要 176 天才能看到一次日出，而且比在地球上看到的太阳大 9 倍。

想一想，在水星上看到的太阳，有什么不同呢？

水星只要 88 天就可以绕太阳公转一圈，是八颗行星中公转速度最快的。偷偷告诉你，离太阳越远的行星，公转一圈需要的时间就越长。

水星看起来就像被晒得皱巴巴的苹果。如果登陆水星，你会发现，这里的地形崎岖不平，遍布着环形山和悬崖峭壁，也有一些平原，与月球上很像。水星表面有一个卡路里盆地，直径约 1400 千米。

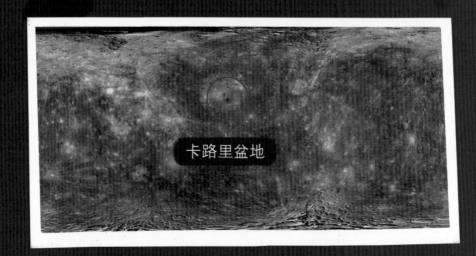

卡路里盆地

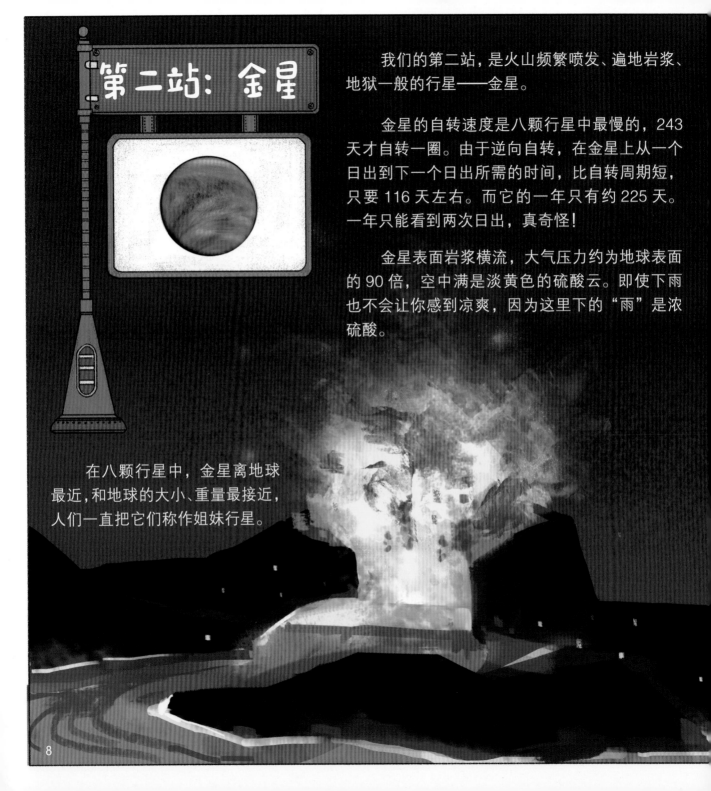

第二站：金星

我们的第二站，是火山频繁喷发、遍地岩浆、地狱一般的行星——金星。

金星的自转速度是八颗行星中最慢的，243天才自转一圈。由于逆向自转，在金星上从一个日出到下一个日出所需的时间，比自转周期短，只要116天左右。而它的一年只有约225天。一年只能看到两次日出，真奇怪！

金星表面岩浆横流，大气压力约为地球表面的90倍，空中满是淡黄色的硫酸云。即使下雨也不会让你感到凉爽，因为这里下的"雨"是浓硫酸。

在八颗行星中，金星离地球最近，和地球的大小、重量最接近，人们一直把它们称作姐妹行星。

虽然不如水星距离太阳更近，金星却是最热的行星。这是因为它浓密的大气中二氧化碳含量很高，能吸收地面发出的热量，产生温室效应，就像盖了一层厚厚的被子。

你知道吗？温室效应是科学家在研究金星时发现的。所以，你一定要低碳生活哟，不然地球就会变得像金星这么热。

金星上没有任何生命，连航天器都只能"活"很短的时间。所以，你就别想着登陆和移民金星了！

动手动脑：金星和地球上的云分别是什么颜色？动手涂一涂吧！

为什么不能移民金星呢？

第三站：火星

我们的第三站，是你未来可能移民的一颗行星——火星。

如果来到火星，你会看到满地都是铁锈色的沙尘，整个火星就像一个锈迹斑斑的铁球。火星上的一天比地球上长40分钟，一年长达687天。

火星有两颗卫星——火卫一和火卫二，它们都很小，就像两个皱巴巴的土豆。说到土豆，它营养全面、产量高，是火星农场首选的粮食作物。电影《火星救援》中的航天员马克，就是在火星上种了好几年土豆，才撑到最后获救的！

火星上的奥林匹斯山是太阳系的最高峰，高达 22 千米，约是**珠穆朗玛峰**的 2.5 倍。

火星上有一个大峡谷叫水手大峡谷，长 4000 多千米，相当于从北京到新加坡的距离。峡谷的一头是诺克提斯迷宫，就像是诸葛亮摆下的八卦阵。你要是进去了，还能出得来吗？

珠穆朗玛峰

北京　　　　4000 多千米　　　　新加坡

诺克提斯迷宫

火星的空气中含有少量水，土壤中也有水，地下则有冰层，极地的冰盖下还隐藏着巨大的湖泊。

动手动脑：你相信有火星人吗？画出你心目中的火星人吧！

威尔斯笔下的水母火星人

第四站：小行星带

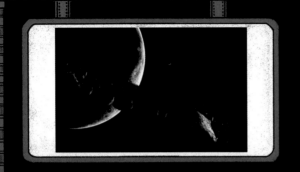

100 多年前，人类还没有发明火箭的时候，"航天之父"**齐奥尔科夫斯基**就已经畅想过太空遨游了。

> 总有一天，人类将骑着小行星去旅行！

齐奥尔科夫斯基

我们的第四站是小行星带，这里的小行星可能会撞击地球。

天文学家原以为在火星与木星之间还有一颗行星，结果发现那里没有行星，却有数百万颗小行星。

皮亚齐

1 号小行星

意大利天文学家**皮亚齐**在 1801 年 1 月 1 日发现了一个新天体，这就是后来被称为谷神星的 1 号小行星，也是小行星带中最大的天体。

小行星的个头不大，形状也不规则，平时相安无事地绕着太阳转，但当木星经过时，小行星被它的引力改变运行轨道，其中有些就会冲向地球。

你也别太担心，为了预防小行星撞击地球，天文学家建造了大型望远镜，监视着那些可能撞击地球的"捣蛋鬼"。

木星

你放心吧！未来 100 年，都不会有大型的小行星撞击地球。

6500 万年前，一颗直径约 10 千米的小行星撞击在墨西哥湾的尤卡坦半岛，导致地球环境巨变，曾经的地球霸主恐龙因此灭绝。

月球上密密麻麻的环形山，也是小行星撞击形成的。要不是月球，地球受到的撞击可能会更多。

一旦预报有小行星要撞击地球，科学家或许会发射一个航天器去迎头撞击它，或者用引力拖车把它往外拽，使它与地球擦肩而过。

扫码欣赏更多
精彩宇宙图片

13

第五站：木星

我们的第五站，是"肚子"上长着特殊"胎记"的气态巨行星——木星。

木星是个"大胖子"，是太阳系中体积最大的行星，"大肚子"里可以装下1300多个地球。它的质量比太阳系其他行星质量之和的2倍还要大。

木星上的一天过得很快，只有不到10个小时。由于自转速度太快，木星无法保持完美的球形身材，只能鼓着一个"大肚子"。

在望远镜里，你会发现木星上有彩色的条带。颜色的差异是由这些气体的温度、压力或成分不同导致的。

动手动脑： 快把我的"胎记"涂上红色吧！

大红斑是木星最显著的标志，它其实是持续了几百年的超级风暴。未来当你的曾曾曾孙们再看木星的时候，或许大红斑已经消失了。因为在大红斑的下方，还有几个小白斑正在生长，它们就像地球上台风的**台风眼**。

木星与太阳的成分相似，主要也是由氢和氦组成的。如果上百个木星加在一起，或许它就会变成另一颗发光发热的恒星了。

"行星之王"的名号不是白给的，木星有 79 颗卫星，就像一个小太阳系。其中较大的 4 颗，是伽利略在 1610 年用十分简陋的望远镜发现的，被称为伽利略卫星。

木卫一上有火山，木卫三是太阳系中最大的卫星，木卫四永远以同一面朝向木星。最有意思的是，木卫二表面覆盖着厚厚的冰层，下面是巨大的海洋。但是，木卫二的冰层太厚了，探测器进不去，你有什么好办法吗？

木星的磁场强度比地球大 10 倍以上，是八颗行星中最强的。因此在木星上，你会看到比地球上更壮丽的极光，它就像夜空中的精灵，照亮木星极地的大片地区。

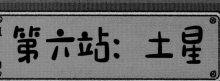

第六站: 土星

我们的第六站，是套着"游泳圈"的行星——土星。

400多年前，当伽利略用望远镜观测土星时，还以为土星有两个大耳朵，后来才知道，那是由数十亿颗冰块和更小的尘埃组成的土星环，就像一片薄纱绕着土星转。可以说，土星是太阳系中最漂亮的行星了。

土星也是一个"大胖子"，在八颗行星中排行第二。但土星的胖是虚胖，如果有一片足够大的海洋，它可以轻松地漂浮在海面上哟！怪不得它天天套着"游泳圈"呢。

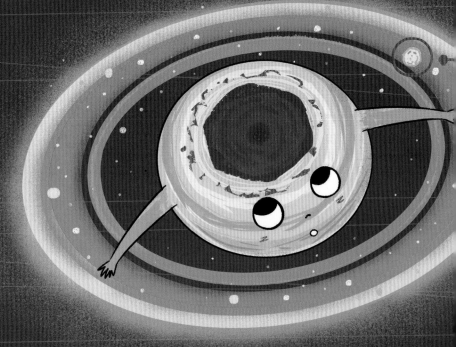

像木星上的大红斑一样，土星的北极附近有一个更大的六边形"胎记"，这种令人着迷的景致让科学家感到十分好奇。

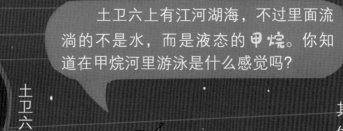

土卫六上有江河湖海，不过里面流淌的不是水，而是液态的**甲烷**。你知道在甲烷河里游泳是什么感觉吗？

土卫六

土星有82颗卫星，其中最大的是土卫六，体积仅次于木卫三，比作为行星的水星还要大。在环绕行星和矮行星的卫星中，土卫六是唯一拥有稳定大气层的卫星。

动手动脑： 土星能浮在水面上，是因为它的密度很小。快去接一盆水，把塑料瓶盖、橘子、乒乓球、硬币丢进盆里，看看哪个会浮起来，哪个会沉下去？找到合适的贴纸，把实验结果贴在正确的位置上吧！

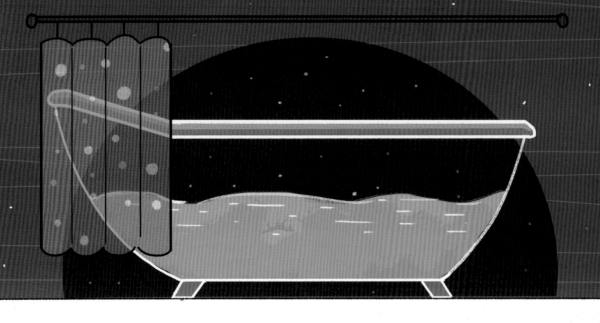

第七站：天王星

我们的第七站，是一颗躺着"打滚"的蓝绿色行星——天王星。

1781 年，**赫歇尔**最早发现了天王星，它是人类用望远镜发现的第一颗行星，展示了科技在探索宇宙中的巨大潜力。

天王星是一颗冰冻的巨行星，你看到的是它的大气层。大气层之下是什么样的，目前还没人知道呢！

地球

天王星这个家伙，每次出场都是躺着打滚！

天王星

地球绕太阳公转的轨道面，称为黄道面，就像一个舞台。天王星很特别，它就像滚动的车轮一样前进。而其他行星在舞台上像陀螺一样，一边自转一边向前移动。

天王星的主要成分是氢和氦，也含有一些甲烷。甲烷把太阳光中的蓝光和绿光反射到太空中，而红光则被它"私吞"了，所以天王星看上去是蓝绿色的。

对于其他行星，阳光照亮它的"腰部"——赤道。而对于滚着出场的天王星，阳光照亮它的极地。天王星自转一圈只需要17小时，但它绕太阳一圈需要84年。如果你在天王星上生活，42年太阳终年不落，另外42年暗无天日。好可怕哟！

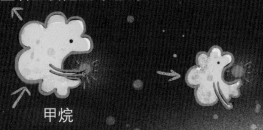

甲烷

天王星有27颗卫星，它们大多是以莎士比亚作品中的人物命名的，比如有两颗卫星分别叫奥伯隆和泰坦妮娅，是《仲夏夜之梦》中仙王和仙后的名字。

奥伯隆

泰坦妮娅

动手动脑：选一选，以下哪些元素与天王星无关？

① 莎士比亚

② 陀螺

③ 红色星球

④ 望远镜

第八站：海王星

我们的第八站，是离太阳最远的一颗行星——海王星。

天文学家观测发现，天王星经常会偏离他们预测的轨道。他们认为是其他行星的引力干扰了天王星，但当时的望远镜并没有帮上忙。

勒威耶

这时，数学家出场了。英国的**亚当斯**最先算出了海王星的轨道，他请求**格林尼治**天文台帮他搜寻，但遭到拒绝。第二年，法国的勒威耶也算出了海王星的轨道，他写信给柏林天文台的伽勒，伽勒在收到信件的当天晚上就发现了海王星。因此，海王星也被称为"笔尖上发现的行星"。

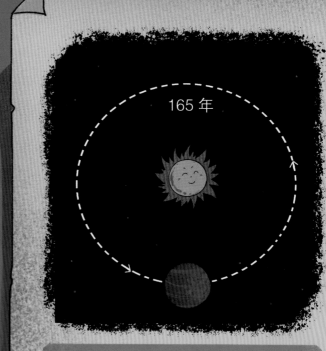

165 年

海王星自转一圈只要 16 小时，但它绕太阳一圈要 165 年，从 1846 年首次被发现到 2011 年，它才刚刚绕太阳一圈。

在海王星上，太阳看起来很小，只有一根蜡烛那么亮。太阳光照到地球上只需要 8 分钟，但要 4 小时 10 分钟才能抵达海王星。

海王星也有"胎记"——一个高速移动的白色云团。

4 小时 10 分钟

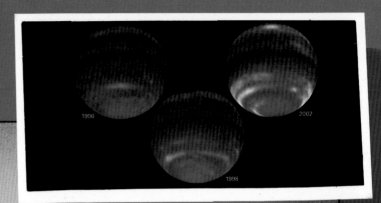

气态行星上都会有风暴，木星表面有个大红斑，而海王星表面有个大暗斑，也是一个风暴眼。海王星上的风暴，风速高达 2000 千米/小时，比台风还要快很多倍。"十二级风陆上无，海浪滔天闹龙宫"，用这句话来形容海王星上的风暴，还是挺贴切的。

八颗行星都有什么特点呢

当你遇到一堆杂乱无章的物品时，要学会分类，同类物品有相同的特征。根据八颗行星的特点，可以分为像地球的类地行星和像木星的类木行星。

类木行星：

1. 都有行星环，有的比较明显，有的不太明显。

2. 体积都很大，密度都很小。密度最小的土星甚至可以浮在水面上。

3. 都有很多卫星。其中海王星的卫星最少，都有 14 颗。

4. 大气成分以氢和氦为主。

类木行星贴这里！

动手动脑： 快去找到合适的星球贴纸吧！

类地行星贴这里！

动手动脑： 快去找到合适的星球贴纸吧！

类地行星：

1. 内部结构都像鸡蛋，分为壳、幔、核三层。

2. 表面有峡谷、高山、平原、盆地等，小行星撞击形成环形山，岩浆喷发形成火山。

3. 除了水星，其他类地行星都有大气层，这主要是行星内部释放的气体形成的，叫次生大气。

4. 卫星很少或没有。

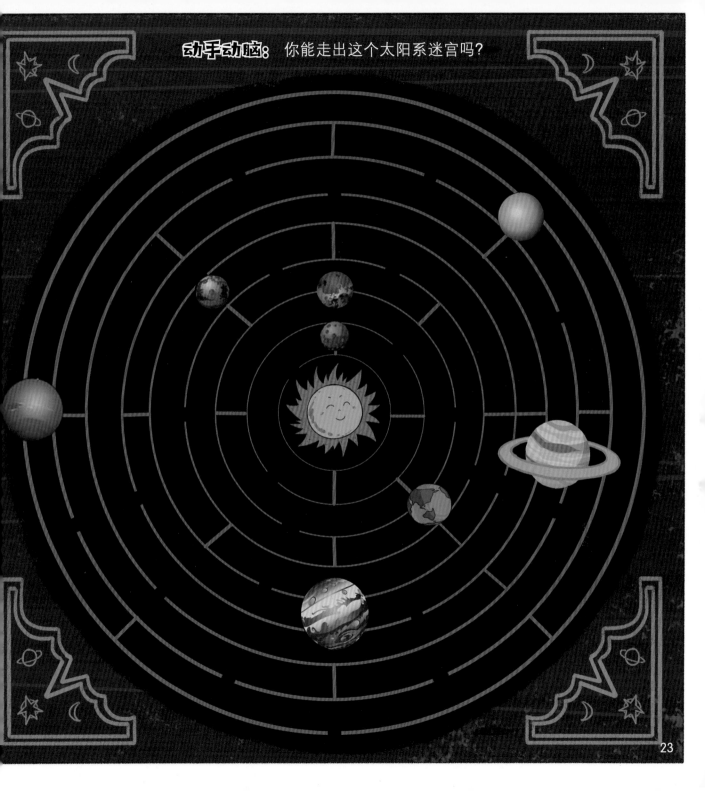

第九站：冥王星

我们的第九站，是命运跌宕起伏、喜欢"卖萌"的冥王星。

1930 年，美国天文学家汤博首次发现了冥王星，一经发现，它便登上太阳系的行星宝座。

后来，天文学家发现，冥王星实在太小了，很多人开始质疑它的行星地位。

冥王星被发现后，应该叫什么名字呢？英国 11 岁的女孩伯尼想到，很多神仙都有自己的星球，美神维纳斯常驻金星，战神玛尔斯常驻火星，但主管阴曹地府的普鲁托还没有自己的星球。爷爷把她的想法报告给行星命名委员会，得到了天文学家的认可。这颗新发现的行星被命名为普鲁托，也就是冥王星。

普鲁托

1992 年至今，天文学家在比冥王星更远的区域——柯伊伯带，发现了好几个与它大小相近的星球。冥王星的地位就更岌岌可危了。有人认为，既然冥王星是行星，那些新发现的星球也应该是行星。

2006 年，第 26 届**国际天文学联合会**年会修改了"行星"的定义。冥王星因为不符合这一定义，而被"降级"成为一颗矮行星。

我宣布，冥王星被剥夺行星称号！

啊！我做错了什么？为什么要这样对我？

2015 年，"新视野号"探测器经过近 10 年飞行，抵达冥王星附近。从它拍摄的照片上，你可以看到一个心形图案，冥王星由此成了年轻人口中的"萌王星"。

冥王星自转一圈只需要 6.4 小时，但绕太阳一圈需要 248 年。由于远离太阳，它的表面温度为零下 200 多摄氏度。

冥王星虽然小，但它在某些方面甚至比行星还要像行星。比如它也有地质活动，还有 5 颗卫星。体积最大的卫星叫卡戎，它和冥王星互相绕转，组成了一对**双星**系统。

第十站：彗星

我们的第十站，是去太阳系的边缘，欣赏暗无天日的彗星老家——柯伊伯带和奥尔特云！

"彗"是扫帚的意思。彗星，就是像拖着扫帚尾巴的星星。你知道吗？彗星是由尘埃、冰块等组成的，就像一个脏雪球。当它来到太阳附近时，冰块和尘埃受热飘散，才形成了彗尾。

按照惯例，谁最先发现小行星，谁就有命名权；而最先发现彗星的人，那颗彗星就以他或他们的名字命名。当然，这还需要经过官方认证。

哈雷彗星每 76 年绕太阳一圈，英国物理学家**埃德蒙·哈雷**最先发现了它的周期。上一次它接近地球是在 1986 年，科学家派出飞船去追踪它，使它成为第一颗被近距离观察的彗星。下一次它回来时将是 2061 年。那时，你在做什么呢？你会坐上飞船去考察它吗？

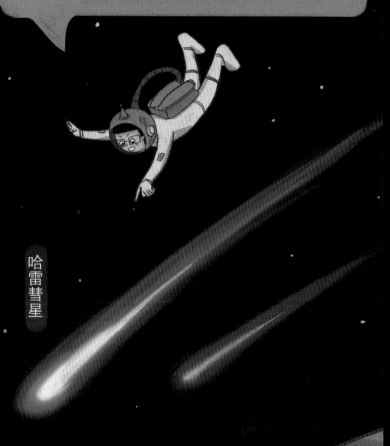

哈雷彗星

哈雷彗星是一颗短周期彗星，这类彗星的老家在**柯伊伯带**，从海王星轨道一直延伸到冥王星轨道以外。

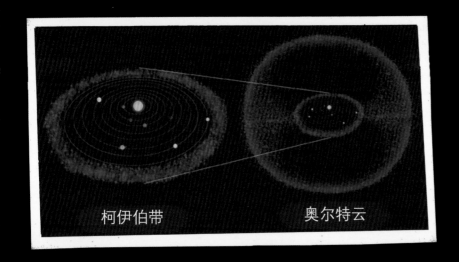

柯伊伯带　　　　　奥尔特云

还有一类彗星离太阳更远，绕太阳一圈的周期更长，需要几百年到几百万年，这就是长周期彗星。它们来自**奥尔特云**，那里是太阳系的边缘。

"菲莱"，别读成"韭菜"哟，它是人类历史上第一个登陆彗星的航天器。在楚留莫夫－格拉希门克彗星上，它"目睹"彗核上的物质像头皮屑一样，从悬崖上纷纷掉落。

动手动脑： 每年你都能看到好几场流星雨。实际上它是彗星身上掉下的碎片进入地球大气层后燃烧产生的。画出你心中的流星雨，然后对着它许个愿吧！

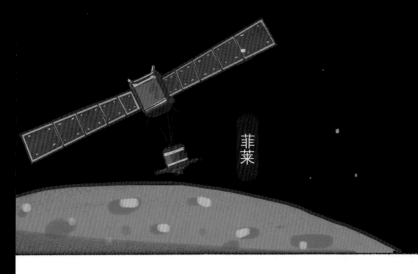

菲莱

行星大比拼

一天，太阳系大家庭的八个兄弟吵得面红耳赤，都说自己才是最厉害的。

我是第一名！

我才是第一名！

冠军榜单

项目	质量	体积	温度	公转周期	卫星数目
称号	大力士	大块头	大暖炉	飞毛腿	好人缘
冠军	____星	____星	____星	____星	____星

动手动脑： 请你当个小裁判，看看谁是第一名吧！把每个项目的冠军头像贴到图中正确的位置，并把它们的名字补充完整吧！冠军头像在贴纸中哟！

28

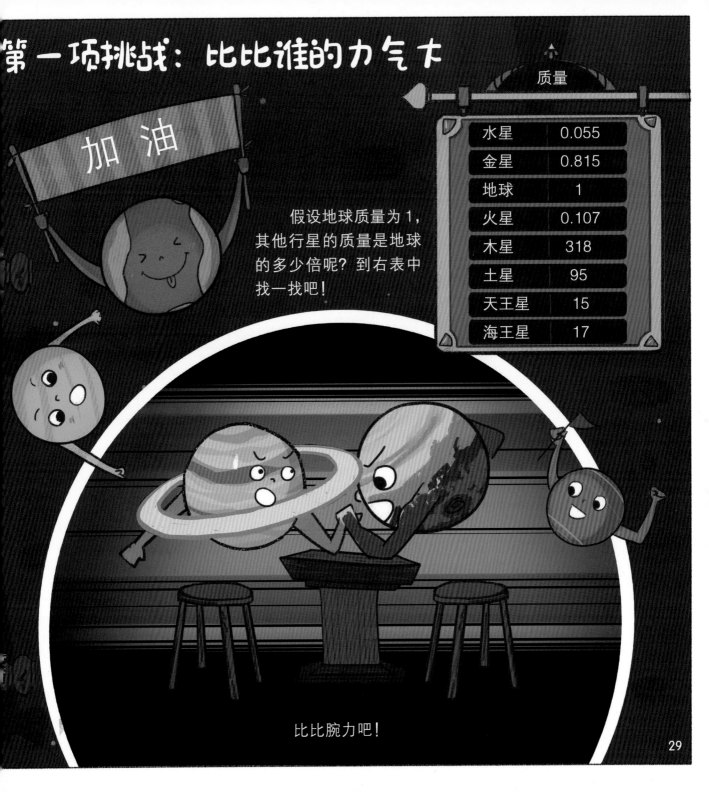

加油

假设地球质量为1，其他行星的质量是地球的多少倍呢？到右表中找一找吧！

质量	
水星	0.055
金星	0.815
地球	1
火星	0.107
木星	318
土星	95
天王星	15
海王星	17

比比腕力吧！

第二项挑战：比比谁是大块头

在蚂蚁面前，大象是一个超级大块头；在你家面前，上海东方明珠是一个超级大块头；那在地球面前，哪颗行星才是超级大块头呢？

金星	半径：6052 千米		土星	半径：60265 千米
木星	半径：71492 千米		天王星	半径：25559 千米
水星	半径：2400 千米		海王星	半径：24776 千米
火星	半径：3397 千米		地球	半径：6371 千米

第三项挑战：比比谁是大暖炉

问一问爸爸妈妈，你家属于南方还是北方呢？你居住的城市夏天最热时有多少摄氏度，冬天最冷时有多少摄氏度呢？

	温度
水星	-183℃~430℃
金星	462℃
地球	-88℃~58℃
火星	-133℃~27℃
木星	-150℃
土星	-178℃
天王星	-200℃
海王星	-214℃

你家里的体温计可不能拿来给八颗行星测体温哟，那样会爆表的！

第四项挑战：比比谁的速度快

　　跑完 100 米，你要用多长时间？牙买加人博尔特用了 9.58 秒，是世界纪录的保持者；中国人苏炳添用了 9.83 秒，是跑得最快的亚洲人；猎豹只需要 3.6 秒，是动物界的短跑冠军。

公转周期	
水星	88 天
金星	225 天
地球	365 天
火星	687 天
木星	4332 天
土星	10768 天
天王星	30660 天
海王星	60225 天

　　行星绕太阳一圈是它的一年。八颗行星都绕着太阳转，谁的公转速度最快呢？

第五项挑战：比比谁有好人缘

来看看八颗行星各自有多少个朋友吧！

你有几个好朋友呢？

行星	卫星数目
水星	0 颗
金星	0 颗
地球	1 颗
火星	2 颗
木星	79 颗
土星	82 颗
天王星	27 颗
海王星	14 颗

我家住在太阳系

为了让你更好地认识太阳系，火星叔叔还专门写了一首《太阳系之歌》，一起来欣赏一下吧！

动手动脑：
敢不敢来一场天文知识闯关挑战赛？

太阳系是大家庭，大小天体飞不停。
太阳伯伯居中间，八颗行星绕它行。
卫星自转公转绕行星，
月亮阴暗圆缺照古今，
好让地球人抒发无限深情。

水金地火岩石星，木土天海气态星。
居中有那小行星带。
长长尾巴彗星与流星。
遥远柯伊伯带新大陆，
迷茫奥尔特云看不清。

不是还有冥王星吗？
哦，它不是行星。
那是什么？
那是一颗矮行星。

海洋森林大气层，磁场屏蔽太阳风。
水流土壤育生命，阳光雨露赋新能。
少年胸怀宇宙天地宽。
美好蓝色星球是家园。
太阳永灿烂，地球山水清
太阳永灿烂，地球山水清。

词汇表

珠穆朗玛峰：喜马拉雅山主峰，位于中国西藏自治区和尼泊尔交界处的喜马拉雅山中段。海拔8848.86米，世界第一高峰，所在的青藏高原有"世界第三极"之誉。

威尔斯：英国著名小说家，以科幻小说闻名于世。1895年出版《时间机器》一举成名，随后又发表了《莫洛博士岛》《隐身人》《星际战争》等。

齐奥尔科夫斯基：俄国中学教师，现代火箭理论奠基人。早在100多年前就提出用多级火箭来克服地球引力，以获得进入太空所需的速度。

皮亚齐：意大利天文学家。除了发现谷神星外，他还在1803年出版了一份星表，包括7646颗恒星。1923年，当小行星编号至1000号时，国际天文学联合会特别将第1000号小行星命名为"皮亚齐"。

台风眼：台风是发生在北太平洋西部风力达12级或以上的热带气旋。台风中心气压最低、无云或少云、静风或微风、四周为大范围云墙的核心部分，称为台风眼。按照风力等级，可以分为0级（无风）、1级（软风）、2级（轻风）、3级（微风）、4级（和风）、5级（劲风）、6级（强风）、7级（疾风）、8级（大风）、9级（烈风）、10级（狂风）、11级（暴风）、12级（飓风）。

伽利略卫星：围绕木星运转的4颗天然卫星（即木卫一、木卫二、木卫三和木卫四），由意大利天文学家伽利略于1610年发现，因此而得名。这一发现表明并不是所有星球都绕着地球转，对于日心说的确立是一个有力证据。

甲烷：无色无味的可燃气体，是天然气的主要成分，是一种重要的化工原料。当温度低至零下82.6摄氏度时，就会变成液态，像水一样四处流动。

赫歇尔：英国天文学家，英国皇家天文学会首任会长，酷爱音乐。1781年发现天王星。被誉为"恒星天文学之父"。

莎士比亚：英国剧作家、诗人。文艺复兴时期具有代表性的作家之一。代表作有《威尼斯商人》《罗密欧与朱丽叶》《李尔王》《麦克白》等。

勒威耶：法国数学家、天文学家。系统研究行星运动理论，精确计算行星星历表。著有《行星运动论》。

亚当斯：英国天文学家、数学家。两度任英国皇家天文学会会长。在研究月球运动的长期加速度、地球磁场和狮子座流星群轨道等方面颇有建树。

格林尼治：位于英国伦敦东南方向的泰晤士河畔。1884年国际经度会议决定以经过格林尼治的经线为本初子午线，作为计算地理经度的起点，亦为世界"时区"的起点。

国际天文学联合会：International Astronomical Union，缩写"IAU"。1919年宣告成立，代表大会每三年召开一次。中国天文学会于1935年加入。

双星：一般指两颗距离很近或彼此间有引力关系的恒星。双星中较亮的一颗叫主星，另一颗围绕主星旋转的叫伴星。冥王星和冥卫一属于双矮行星。

埃德蒙·哈雷：英国天文学家、地球物理学家、数学家。1676年赴南大西洋圣赫勒拿岛建立天文台，观测南半球天区的天体，并编制第一套南天星表。首次用万有引力定律推算出一颗彗星的轨道，此颗彗星后来被命名为"哈雷彗星"。

柯伊伯带：位于海王星轨道之外并环绕太阳运行的物质盘，与小行星带相似。不过，柯伊伯带的宽度是小行星带的20倍，质量可能为小行星带的200倍。

奥尔特云：46亿年前，从一团弥漫着气体和尘埃的原始星云中，诞生了太阳和八颗行星，但在太阳系的外围还有一些残留物包裹着，这就是奥尔特云。

《太阳系之歌》：这首歌被选为中国科学技术馆首部大型儿童科普剧《皮皮的火星梦》主题歌。

参考答案

第 4~5 页：略。

第 9 页：金星上的云涂淡黄色；地球上的乌云涂灰色。

第 11 页：略。

第 14 页：略。

第 17 页：浮在水面上的是塑料瓶盖、乒乓球；沉在水底的是橘子、硬币。

第 19 页：②陀螺；③红色星球。

第 22 页：类木行星：木星、土星、天王星、海王星；

类地行星：水星、金星、地球、火星。

第 23 页：

第 27 页：略。

第 28 页：大力士 木星；大块头 木星；大暖炉 金星；飞毛腿 水星；好人缘 土星。

本书图片来源：
美国宇航局 https://www.nasa.gov/：第 6 页，第 8 页，第 10~12 页，第 14 页，第 16 页，第 18 页，第 20~21 页，第 24 页，第 26~27 页。

本书数据来源：
中国科学院国家天文台 http://www.nao.cas.cn/
中国科学院国家空间科学中心 http://www.nssc.cas.cn/
中国天文学会 http://astronomy.pmo.cas.cn/
全国科学技术名词审定委员会 http://cnterm.cn/
北京天文馆 http://www.bjp.org.cn/
上海天文馆（上海科技馆分馆） https://www.sstm-sam.org.cn/
国际天文学联合会 https://www.iau.org/

微信扫码 关注公众号
获取更多延伸阅读资料

火星叔叔 太空课堂

银河系
大黑洞

郑永春 著

APCTIME
时代出版
时代出版传媒股份有限公司
安徽少年儿童出版社

图书在版编目（CIP）数据

火星叔叔太空课堂 . 银河系大黑洞 / 郑永春著 . 一
合肥 ： 安徽少年儿童出版社， 2022.10
ISBN 978-7-5707-1183-3

Ⅰ . ①火… Ⅱ . ①郑… Ⅲ . ①天文学 – 少儿读物②银
河系 – 少儿读物 Ⅳ . ① P1-49

中国版本图书馆 CIP 数据核字（2021）第 172583 号

HUOXING SHUSHU TAIKONG KETANG YINHEXI DA HEIDONG
火星叔叔太空课堂 · 银河系大黑洞
郑永春　著

出 版 人：张　堃　　　选题策划：丁　倩　方　军　　　责任编辑：方　军　丁　倩
责任校对：冯劲松　　　责任印制：朱一之　　　　　　　插图绘制：张小燕
装帧设计：智慧树　　　实验设计：宁波艺趣文化传播有限公司
出版发行：安徽少年儿童出版社 E-mail:ahse1984@163.com
　　　　　新浪官方微博：http://weibo.com/ahsecbs
　　　　　（安徽省合肥市翡翠路 1118 号出版传媒广场　　邮政编码：230071）
　　　　　出版部电话：（0551）63533536（办公室）　　63533533（传真）
　　　　　（如发现印装质量问题，影响阅读，请与本社出版部联系调换）
印　　制：合肥华云印务有限责任公司
开　　本：880mm×1230mm　　　1/20　　　印张：8（全 4 册）
版　　次：2022 年 10 月第 1 版　　　2022 年 10 月第 1 次印刷

ISBN 978-7-5707-1183-3　　　　　　　　　　　定价：100.00 元（全 4 册）

目 录

太阳是一颗什么星

星星只是在晚上才出现吗？其实不是哟，白天也有星星，它们一直都在天上。白天你看不到星星，是因为它们太暗，而太阳太亮了。你知道吗？太阳其实是一颗恒星！银河系是由数千亿颗恒星组成的，要了解银河系，就要从太阳这颗恒星开始。

> 其实，咱俩是亲戚哟，我也是恒星家族的一员呢！

> 那我到底应该喊你星星大叔，还是太阳大叔呀？

如果从十分遥远的地方看太阳，你会发现它跟其他的星星并没有什么不同，又小又暗。你之所以觉得太阳又大又亮，只是因为它离我们太近了。

太阳是一颗会发光的恒星，能释放出大量的热量。现在的太阳已经不像年轻时那么暴躁了，而像一位成熟稳重的中年大叔。太阳的寿命很长，它已经 50 亿岁了，还能再活 50 亿岁。

地球到太阳的距离有时远有时近，平均约为 1.5 亿千米。光在真空中是最快的，每秒钟能跑 30 万千米，但太阳发出的光也要经过 8 分钟才能抵达地球。为了方便大家记忆，科学家把地球与太阳的平均距离定义为一个**天文单位**。

　　如果你每小时走 5 千米，日夜不停地走，要多久才能抵达太阳？如果你乘坐行驶速度为 400 千米/小时的复兴号高铁，又要多久才能抵达呢？

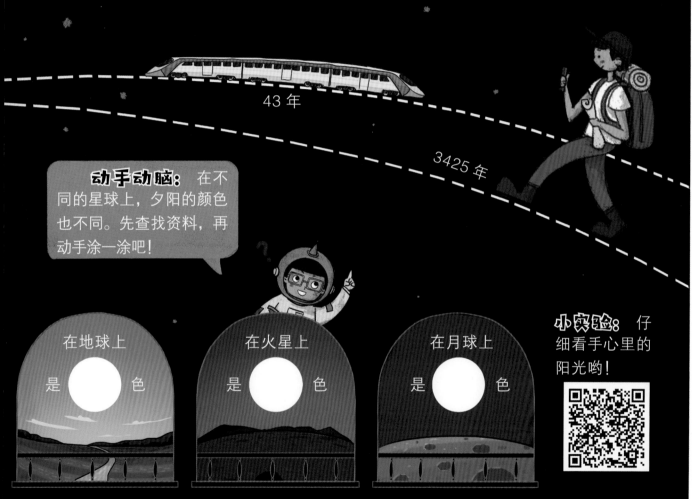

43 年

3425 年

动手动脑： 在不同的星球上，夕阳的颜色也不同。先查找资料，再动手涂一涂吧！

在地球上
是　色

在火星上
是　色

在月球上
是　色

小实验： 仔细看手心里的阳光哟！

　　太阳光本身是白色的，由赤橙黄绿青蓝紫等混合而成，那些透过大气层进入你眼睛的光线，才是你看到的太阳的颜色。

太阳到底有多重

太阳是太阳系绝对的主宰,体积和质量都很大。如果太阳是一个篮球的话,地球只是粘在篮球上的一粒沙子。太阳产生的巨大引力,让太阳系的所有成员都老老实实地绕着它转。

又失败了,还是称不出来!

快把身上的东西都扔掉,好好称一次!

太阳是个"大胖子",它的"大肚子"里能装下约 130 万个地球。

怎样才能知道太阳到底有多重呢?我们可造不出这么大的秤来给太阳称体重。其实只要知道地球绕太阳转的速度和两者之间的距离,就可以估算出太阳的质量——约是地球的 33 万倍,占太阳系总质量的 99.86%。

跨学科课堂： 你听过《夸父逐日》的故事吗？古代，大荒原里有个巨人族，它的首领叫夸父，跑起来快得像飞一样。他看到太阳在天空中东升西落，就想去追太阳，比一比谁跑得更快。他跨着大步，在原野上飞奔。一直追到太阳快要下山，眼看就要追上了，可他实在太渴了，就弯下腰喝水，一口气把黄河、渭河的水都喝光了。他还想去北方的大湖喝水，可还没有赶到，就渴死在半路上。

子提健笔来，势若夸父渴。——［唐］杜牧《池州送孟迟先辈》

白日依山尽，黄河入海流。——［唐］王之涣《登鹳雀楼》

5

太阳上究竟有多热

以太阳表面为界，太阳可以分为内部和外部两部分：内部由内向外依次为核心层、辐射层和对流层；外部由内向外依次为光球层、色球层和日冕。恒星发出的光的颜色与它的温度有关。通过测量太阳发出的光，就可以给太阳量体温了。

太阳的核心层是一个核聚变反应堆，温度高达 1500 万摄氏度。那里每天都相当于几亿颗氢弹在爆炸，产生巨大的能量，源源不断地向外输出光和热。

色球层包围在光球层之外，但平时我们看不到它，只有在发生日全食的时候，月球挡住了太阳的光球层，你才能短暂地看到色球层。

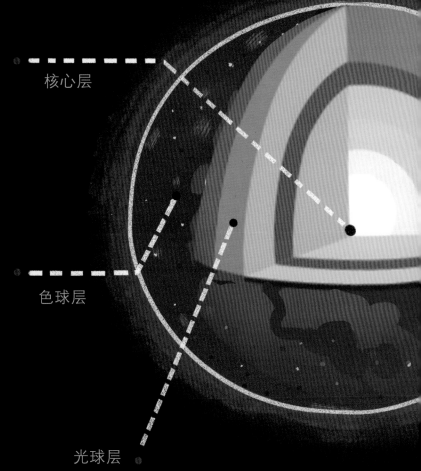

核心层

色球层

光球层

你看到的太阳，实际上是包裹在对流层外面的光球层，厚约 500 千米。（注意！千万不要直视太阳，否则会对你的视力造成永久的、不可逆的伤害）

对流层

位于辐射层外，由气体构成。热气体上升，降温后再下沉，通过对流把辐射层的能量传递到太阳表面。因此，太阳表面的温度比辐射层要低得多，约为 5500 摄氏度。

辐射层

核心层产生的能量至少要几千年到上百万年，才能穿过辐射层。辐射层的温度高达 70 万摄氏度。

日冕

发生日全食时，你可以在色球层外看到银白色的光芒，那是太阳大气的最外层、温度高达 600 万摄氏度的日冕。

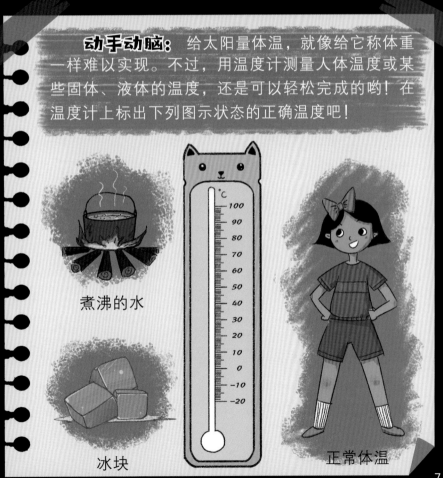

动手动脑： 给太阳量体温，就像给它称体重一样难以实现。不过，用温度计测量人体温度或某些固体、液体的温度，还是可以轻松完成的哟！在温度计上标出下列图示状态的正确温度吧！

煮沸的水

°C

冰块

正常体温

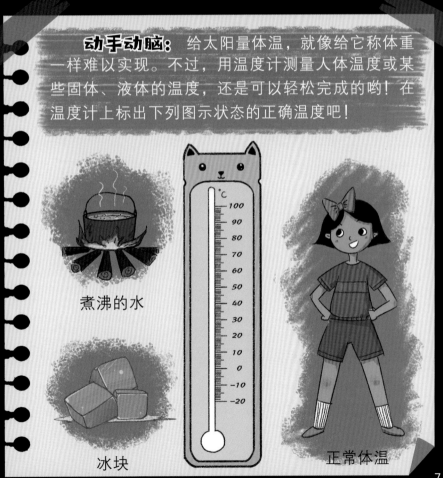

太阳对我们到底有多重要

地球上的绿色植物能吸收太阳光并将太阳的能量储存起来，所以我们吃下去绿色植物，其实也就是在"吃"太阳提供给我们的能量。

170 万亿吨

太阳是一个大火球，它发出的光和热射向四面八方，尽管射向地球方向的能量只有太阳发出的总能量的万分之一，但已经能满足地球上万物生长。太阳每年供应给地球的能量相当于 170 万亿吨煤燃烧释放的热量。

天气变化深刻影响着你的生活。地球上的大气无时无刻不在运动，热空气上升，冷空气下降。地球上水的蒸发和凝结，形成了水循环。而大气运动和水循环的幕后"推手"正是太阳。

本市今天上午天气晴朗

午后转阴

傍晚前后有雷阵雨

热空气　　冷空气

响应国家"碳达峰、碳中和"的号召，需要我们低碳生活。现在，太阳能的广泛应用减少了煤炭、石油的消耗，降低了二氧化碳的排放，从而缓解温室效应，保护地球环境。

动手动脑： 下面这些图标代表什么意思呢？快来连一连吧！

晴天　　晴转多云　　阴天　　小雨　　中雨　　大雨　　雪　　雷阵雨

太阳"发脾气"有多可怕

当你用望远镜观测太阳时,记住,一定要盖上**巴德膜**,不然真的会被亮瞎眼。你的眼球会汇聚光线,太阳光汇聚在视网膜上,眼睛上的视神经就会被灼伤。

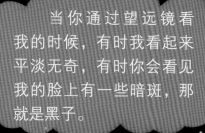

当你通过望远镜看我的时候,有时我看起来平淡无奇,有时你会看见我的脸上有一些暗斑,那就是黑子。

扫码欣赏更多
精彩宇宙图片

太阳黑子其实是亮的,并不是真的黑。只是因为它的表面温度比周围低,看起来就比周围暗。有的太阳黑子很大,比几十个地球排列在一起还要大,看上去就像太阳公公脸上长了"老年斑"。

有时，太阳表面好几个月看不到黑子；有时，黑子会成群出现，持续几天或几周。黑子的出现，往往是太阳要"发脾气"的先兆。

太阳活动强烈的时候，表面的有些地方会突然增亮，这就是耀斑；有时会喷射壮丽的"喷泉"——日珥，可以喷射到几千千米至几十万千米不等的高度。

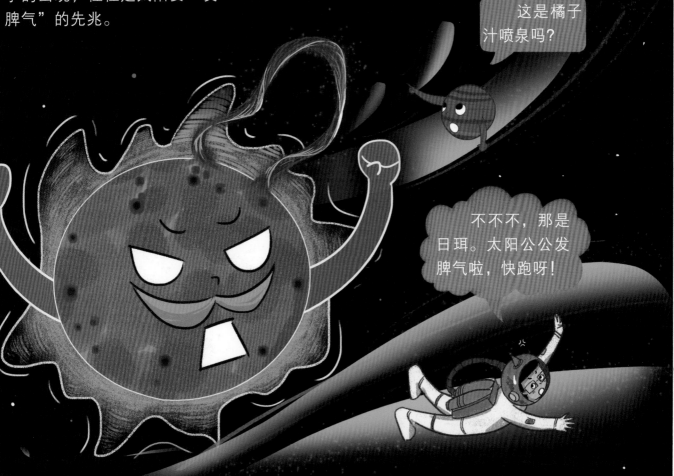

太阳喷射的带电粒子来到地球附近，会干扰人造卫星的工作，从而影响你的生活。带电粒子在地球磁场的引导下，会来到极地上空，与大气分子碰撞，发出光芒，这就是你看到的**极光**啦！

发生日食时，能看到星星吗

　　刚刚还是烈日当空，突然，天一下子变黑了，伸手不见五指，这是多么可怕的一件事啊！发生日食时，你就会看见这样的场景。

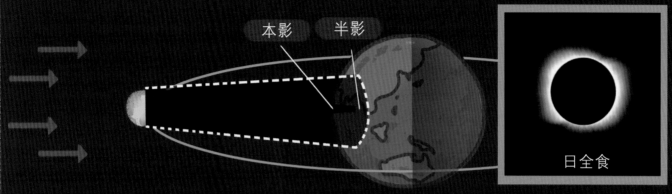

本影　　半影

日全食

　　发生日食时，月球正好穿过太阳和地球之间，在地球上投下阴影。月影的中心叫本影，在那里，你能看到日全食，天空一片黑暗。围绕本影的月影叫半影，在那里，你只能看到日偏食，太阳就像被咬掉了一小口。但此时的太阳依然很亮，你甚至不会注意到它的变化。

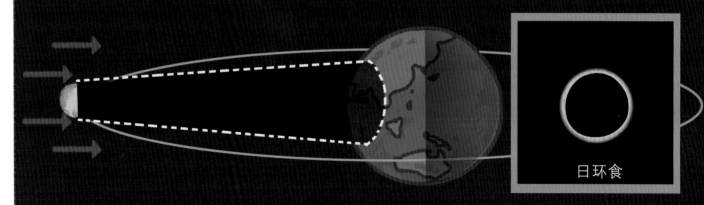

日环食

　　当月球离地球较远的时候，此时的月球看起来更小，无法挡住整个太阳。这时你看到的太阳，只剩下一个圆环，称为日环食。

如果有幸成为一名航天员，站在太阳和地球中间的位置你会发现，月球比太阳小太多了，不能完全挡住射向地球的太阳光。发生日食时，月球就像天空中飘过的乌云，只能在某些地区投下黑影。黑影随着地球自转而移动，形成了日食带。只有日食带上的人才能看到日食，黑影之外的地区依然是阳光灿烂。

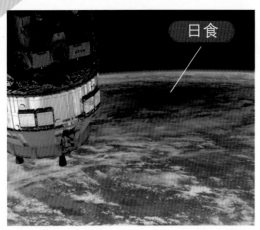

日食

航天员在空间站上看日食：地球上的某个地方进入了月球的影子，看起来像被烧煳了一样。

日全食

日环食

日偏食

哎呀，明明是白天，怎么就天黑了？

日食来啦！

动手动脑： 快去找到合适的日食贴纸贴上吧！

太阳也会死亡吗

人有生老病死，太阳的寿命也是有限的。再过 50 亿年，太阳将走向生命的终点。太阳咽下最后一口气需要很长很长时间。之后，太阳的光芒才彻底熄灭，整个太阳系将陷入无尽的黑暗。

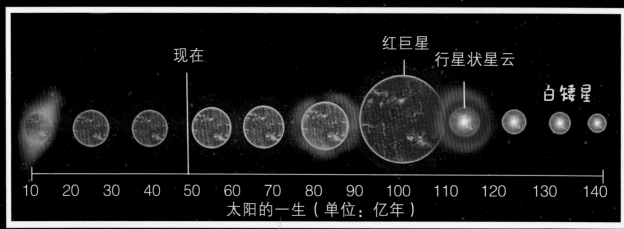

进入暮年后，太阳会向外抛射气体，反而变得更大、更亮，膨胀成为一颗红巨星，把距离太阳较近的水星、金星甚至地球都吞没。

哎，我老了，以后就要靠你们自己了！

当抛出的气体慢慢冷却，此时的太阳成了一团平静的行星状**星云**。之后，太阳越来越暗，成为一颗质量只有原来一半的白矮星。

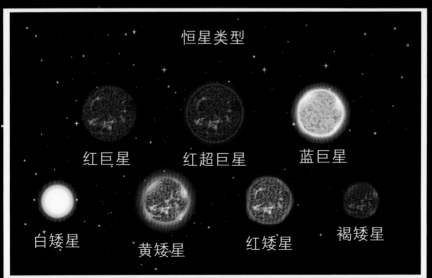

恒星类型

红巨星　　红超巨星　　蓝巨星

白矮星　　黄矮星　　红矮星　　褐矮星

动手动脑： 敢不敢来一场天文知识闯关挑战赛？

银河真的是一条河吗

夏季的夜晚，你或许能在郊外的夜空中看到一条乳白色的天河，中国古人叫它银河、河汉、天河等，西方人叫它乳汁之路（milky way）。

太阳是银河系中的一颗普通恒星，几千亿颗恒星组成了银河系。在整个宇宙中，银河系也只是一个普通的**星系**，宇宙中有几千亿个星系。

天阶夜色凉如水，卧看牵牛织女星。
——[唐]杜牧《秋夕》

牛郎

跳出银河系，你会发现，它看起来并不像一条河，而是像一个中间厚、边缘薄的荷包蛋。

太阳

银河系的直径约 10 万光年，中心是一个质量极大的**黑洞**，产生巨大的引力，牢牢束缚了所有恒星，包括太阳。太阳绕银河系转一圈要约 2.2 亿年。

织女

迢迢牵牛星，皎皎河汉女。

——〔汉〕佚名《迢迢牵牛星》

跨学科课堂： 山西省和顺县是中国的"牛郎织女文化之乡"。相传织女是天上的仙女，她私自下到凡间，爱上了这里一个叫牛郎的凡人并与他私订终身，这让王母娘娘很生气。她把牛郎和织女分隔在银河的两岸。据说，每年农历七月初七，喜鹊会搭起一座鹊桥，让他们相会。

不会！太空是真空，并没有喜鹊，所以牛郎星和织女星不能相会，它们俩相距有 16 光年远呢！

16 光年

织女星

牛郎星

牛郎星和织女星真的会相会吗？

动手动脑： 你玩过俄罗斯套娃吗？试试这个有趣的"宇宙套娃"游戏吧！

地球、太阳系、银河系，谁最大？按照从小到大的顺序来贴一贴吧！

黑洞真的是一个洞吗

黑洞并不是一个"洞",而是科学上预言的一种天体,那里的引力极强,没有任何一束光能脱离它的引力。

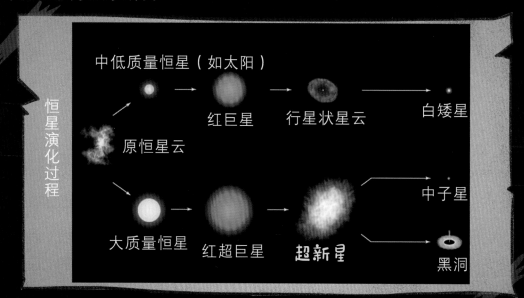

恒星演化过程

中低质量恒星（如太阳）

原恒星云 → 红巨星 → 行星状星云 → 白矮星

大质量恒星 → 红超巨星 → **超新星** → 中子星 / 黑洞

当一颗恒星靠近黑洞时,恒星上的物质会被黑洞吞噬,同时发出各种高能射线。这种射线是肉眼看不见的,但在太空中用专门的望远镜可以看见。通过观测宇宙中那些表现怪异的恒星,就能知道它们的周围是否有黑洞了。

靠近黑洞的恒星会慢慢消解。两者之间的引力会让它们互相绕着对方旋转。在环绕过程中,恒星上的物质被吸到黑洞附近,变成环绕黑洞运行的一个圆盘,这就是吸积盘。黑洞虽然看不见,但如果看到吸积盘,也就找到黑洞了。

黑洞是一种真实存在的奇异天体,两个大质量的黑洞合并,还会产生引力波,那么科学家是如何找到黑洞的呢?

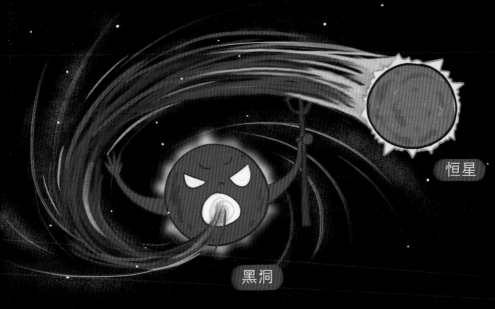

恒星

黑洞

黑洞不仅会吃掉落入自己势力范围的一切物质，吃多了还会"吐"。科学家发现，黑洞会向外喷射物质，这些物质来自黑洞周围的吸积盘。

离地球最近的黑洞有 1000 光年远，1 光年相当于 10 万亿千米，所以，太阳附近并没有黑洞，你不用担心得睡不着了。

扫码欣赏更多
精彩宇宙图片

1000 光年

虫洞可以成为时光机吗

　　黑洞是一种引力极强的天体，其周围的时空被强烈扭曲，越靠近黑洞，时间走得越慢，而到了黑洞表面，时间几乎停止。黑洞周围的时空弯曲到一定程度，就会形成连接不同时空的虫洞。被黑洞吸入的物质，会以比光更快的速度经过虫洞，从洞口出来，出来的地点可能是另一个新的时空。

　　看到这里，你是不是想到黑洞附近生活，让时间过得慢一些呢？别高兴得太早了，对地球上的你来说，时间的快慢是一样的。即便你活了 100 岁，也只有约 36500 天。不同的是，有些人会利用好每一分钟，而有些人在不知不觉中浪费了宝贵的时间。

穿越黑洞是一种什么感觉呢？当靠近黑洞的时候，你身体的不同部位受到的引力不同，身体会被拉成像面条一样。进入黑洞后，身体可能会被"粉碎"成一团杂乱无章的**原子**和**电子**，分散在黑洞中。即便你能穿过黑洞，也无法组装成原来的你了。

救命呀！

动手动脑： 如果时空旅行成为现实，你想驾驶什么样的飞船呢？快来设计一艘属于你的飞船吧！

快来乘坐飞船去太空吧！

要起飞啦！

嘿，你好，我是爱因斯坦。除了酷爱科学，拉小提琴也是我的强项呢！100多年前，我提出了广义相对论：质量越大的天体，产生的引力越大，周围的时空弯曲得越明显。在引力极强的黑洞周围，时间比远离黑洞的地方过得更慢。可惜，好多人根本不懂我的理论。

$E = mc^2$

怎样才能给星星分类

　　有的星星会发光，有的则不会，只能被其他星星发出的光照亮；有的星星体积和质量非常大，有的则很小；有的星星温度极高，有的则特别冷；不同的星星，颜色也不同……根据这些特征，你就能给它们分类了。

　　恒星（star），是会发光、发热的星星。在夜空中你看到的星星，基本上都是恒星。

恒星

　　行星（planet），意思是游荡的天体。它们是绕恒星运转的星星，自身不会发光，只会反射光线，比如你生活的地球。

行星

卫星（moon），是绕着行星转的天体，比如绕着地球转的月球。从地球上用火箭发射环绕地球和其他天体旋转的航天器，就叫人造卫星（satellite）了。

卫星

彗星

拍全家福啦！

小行星

环绕恒星运转，但体积和质量都比行星小得多的星星，叫小天体，比如撞击地球的小行星、拖着长长尾巴的彗星。

不仅太阳周围有行星，其他恒星周围也有行星，称为系外行星，也就是太阳系以外的行星。2019年，最早发现系外行星的两位瑞士天文学家获得了诺贝尔奖。目前，已经发现了约5000颗这样的行星，其中有些很像地球。你认为这些像地球的行星上会有生命吗？

怎样才能确定星星的亮度

夜空中，星星一闪一闪，就像在对你眨眼。其实，星星的亮度很稳定，只是因为空气在流动，星光在穿过大气层时发生了抖动，让你觉得星星在闪烁。

不信？你穿过大气层，到太空中看一看！你会发现星星并不会闪烁，而是直愣愣地盯着你，就像黑绒布上镶嵌的一颗颗珍珠。

2.5倍　2.5倍　2.5倍　2.5倍　2.5倍

一等星　二等星　三等星　四等星　五等星　六等星

喜帕恰斯

听我的，我们用星等来表示星星的亮度！

一等星是六等星亮度的100倍！

一等星

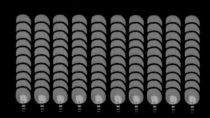

100 个灯泡

六等星

1 个灯泡

有些恒星的亮度不稳定，经常发生变化，因此叫变星。世界上最早发现的变星，是位于鲸鱼座的一颗叫米拉的恒星。

虽然天上的星星看起来都差不多，但它们的温度不同，因而呈现出的颜色也不同：发蓝光的星星是体积小、年轻的恒星；发红光的星星是体积大且快要死亡的恒星。是的，星星有诞生，也有死亡，就像人的一生。

温度高　　　　　温度低

发蓝光的恒星，表面温度达20000摄氏度以上；发黄光的恒星，表面温度在6000摄氏度左右；发红光的恒星，表面温度在3000摄氏度左右。

跨学科课堂8: 哼一哼，你有没有发现《小星星》的曲调和《26个英文字母歌》是一样的呢?

星垂平野阔，月涌大江流。
——[唐]杜甫《旅夜书怀》

危楼高百尺，手可摘星辰。
——[唐]李白《夜宿山寺》

怎样才能数清天上的星星

"一闪一闪亮晶晶，满天都是小星星。"
既然满天都是，那究竟有多少颗呀？

古人把相邻的星星连成
一条条直线，这些连线组成
的形状，有的像一架琴（天
琴座），有的像一个举箭的
猎人（猎户座）。天文学家
把天空划分成一块块不同的
区域，用其中的星座来命名
这些区域，就这样，整个天
空被划分成 88 个星座。

因为眼睛感受光的能力
有限，太暗的星星你就看不
到了，但望远镜可以。

仙女座

猎户座

1995 年，哈勃太空望
远镜聚焦漆黑的太空，在大
熊座一片很小的区域中发现
了约 3000 个星系。2004 年，
它用更敏锐的"眼睛"在另
一片很小的区域中，看到了
10000 多个星系。你看，
即便是夜空中那些最暗的区
域，也隐藏着很多星星。

银河系中约有 4000 亿颗恒星，在宇宙中，至少有上千亿个像银河系这样的星系。你可以算一下，宇宙中到底有多少颗星星？

根据太空望远镜观测到的结果，整个宇宙中约有

1_____

（在横线上写上 24 个 0）颗恒星。天哪，这下你知道什么叫天文数字了吧！打个比方吧，宇宙中的星星就像地球上的沙粒那么多。

在晴朗的夜晚，肉眼能识别的星星不到 6000 颗。由于光污染，在城市中，我们能看到的星星越来越少了。

夏天的夜空中有一道独特的风景线：三颗明亮的星星组成了一个三角形，称作夏季大三角。它们分别是天琴座的织女一、天鹰座的河鼓二以及天鹅座的天津四。织女一与河鼓二，就是我们熟知的织女星和牛郎星；它们之间的那条乳白色的光带，就是由无数颗恒星构成的银河。

黑夜里，你能识别哪里是北方吗

要想不迷路，你就得留心记住路边的各种标志。要想识别天上的星星，就得先找到向导星。北极星就是一颗向导星，正好是地球自转轴北端指示的方向。从地球上看，北极星的位置几乎不变。天上的星星就像围绕着北极星转。

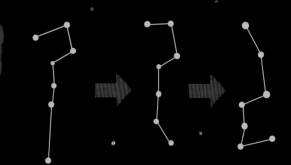

20万年前的
北斗七星

现在的
北斗七星

20万年后的
北斗七星

即使是一年四季都能够看到的**北斗七星**，现在的形状和20万年前也有所不同。

28

1718 年，哈雷把他观测到的恒星位置同喜帕恰斯和托勒密约 2000 年前的观测结果相比较，发现恒星的位置发生了变化，首次指出恒星不动的观点是错误的。人们由此得知星座的形状也是会变化的。

"天上的星星参北斗"，找到北斗七星，就能找到北极星了。北斗七星，位于北方的天空，一年四季都能够看到。因为这七颗星连起来像古代计量的容器，因此被称为北斗七星。北斗七星不是一个星座，而是大熊座的一部分，相当于熊背和熊尾。通过斗口两颗星的连线，朝斗口方向延长约 5 倍距离，就能找到小熊座尾巴上的北极星了。

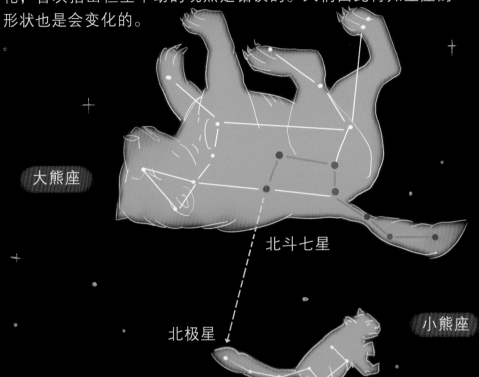

大熊座

北斗七星

北极星

小熊座

观星温馨提示：1. 确定观测地点是安全的。2. 穿上带有反光条或荧光色的衣服，便于其他人可以看到你。3. 注意保暖，不要在户外待太长时间。

星座会影响你的性格吗

星座的出现，不仅可以让你在观测天空时识别不同的星星，还能在野外和海上旅行时辨别方位。

实际上，太阳经过某个星座的时间每年略有变化，星座对应的日期只是粗略的范围。就像夏至时太阳直射北回归线，但具体时间在 6 月 21 日 ~6 月 22 日之间变化。

有人把天上的星座与人的性格甚至命运联系起来，这是没有任何依据的。你的命运掌握在自己手中，它主要取决于你努力的程度。

白羊座 ♈
（阳历 3 月 21 日 ~4 月 19 日

金牛座 ♉
（阳历 4 月 20 日 ~5 月 20 日）

双子座 ♊
（阳历 5 月 21 日 ~6 月 20 日）

巨蟹座 ♋
（阳历 6 月 21 日 ~7 月 22 日）

狮子座 ♌
（阳历 7 月 23 日 ~8 月 22 日

每个季节你能看到的星座是变化的，需要查阅四季星图。太阳一年中经过的星座叫黄道星座。夜空中没有射手座，对应的星座是人马座（国际天文学联合会统一名词）。另外，蛇夫座虽然也在黄道上，但它不属于黄道 12 星座。

双鱼座 ✳
（阳历 2 月 19 日 ~3 月 20 日）

宝瓶座 ♒
（阳历 1 月 20 日 ~2 月 18 日）

摩羯座 ♑
（阳历 12 月 22 日 ~1 月 19 日）

射手座 ♐
（阳历 11 月 23 日 ~12 月 21 日）

天蝎座 ♏
（阳历 10 月 23 日 ~
11 月 22 日）

天秤座 ♎
（阳历 9 月 23 日 ~10 月 22 日）

室女座 ♍
阳历 8 月 23 日 ~9 月 22 日）

1928 年，国际天文学联合会决定，把整个天空划分为 88 个星座。其中，北天星座 28 个，南天星座 48 个。如果一个星座的大部分在北半球，就被划入北天星座，反之则被划为南天星座。黄道星座有 12 个。

查一查你的生日星座：你的生日是___年___月___日，所以你的星座是_____。

 **动手动脑：** 生日星座是占星学上的说法，认为某一时间段出生的人属于某个星座，但对应时间并不准确。在右边的空白处填上你的生日星座吧！

星座填填看

图中是一年四季具有代表性的星座，你能根据轮廓填出星座的名称吗？

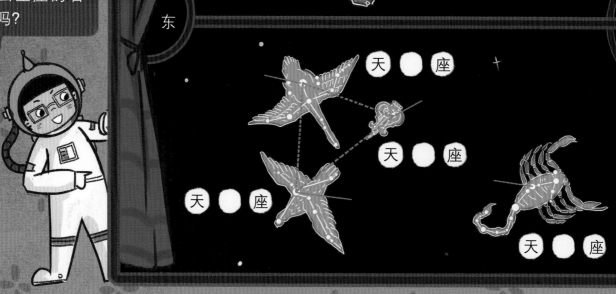

小 ◯ 座

夫 座

北极星

北斗七星

大 ◯ 座

东

天 ◯ 座

天 ◯ 座

天 ◯ 座

天 ◯ 座

鱼 座

马 座

小 〇 座

金 〇 座

犬 座

猎 〇 座

秋

冬

西

遨游星辰大海

看完这本书，你再抬头看看星空，是不是有了一种新的认识？知识要分享才快乐，快去告诉你的小伙伴：宇宙是个超级大家庭，星星的数量就像地球上的沙粒那么多。就像世界上没有两片相同的叶子一样，在宇宙中，每颗星星都是不同的。星星有生也有死，就像一个人的一生，都有属于自己的故事……

太阳是一颗恒星，行星绕着恒星转，卫星绕着行星转，它们一起组成了太阳系，绕着银河系中心的大黑洞旋转。而银河系也没有静止，带着几千亿颗恒星在宇宙中运动。

记住啦，星座不会影响你的命运，人生的航向要掌握在自己手中。

立足中国，放眼世界，胸怀宇宙！我们既要有仰望星空的梦想，更要有脚踏实地的行动哟！加油！

词汇表

天文单位：天文学中测量距离的基本单位之一，以 AU 表示，长度约为 1.5 亿千米，相当于太阳到地球的平均距离。

巴德膜：一种镀了金属的树脂膜，它很薄，光学质量优异，天文望远镜必须加上巴德膜或其他滤光装置才能观测太阳。

极光：由太阳发出的带电粒子进入两极附近，激发高空大气中的原子和分子而引起。极光常呈弧状、带状、幕状或放射状，微弱时为白色，明亮时为黄绿色，有时还有红、灰、紫、蓝等颜色。

白矮星：发白光而光度小的一类恒星，体积很小，密度很大。天狼星的伴星就属于白矮星。

星云：由气体和尘埃组成的云雾状天体。

星系：由无数恒星和星际物质组成的天体系统，如银河系、仙女座星系等。

黑洞：科学上预言的一种天体。它只允许外部物质和辐射进入，而不允许其中的物质和辐射脱离其边界。因此，人们只能通过引力作用来确定它的存在，所以叫黑洞。

超新星：较大质量的恒星演化到中后期阶段，爆发时亮度突然增大到原来的 1000 万倍以上。其中，宋至和元年（1054 年）在金牛座发现的超新星最著名，蟹状星云就是它爆发的痕迹。

原子：组成单质和化合物分子的基本单位，是物质在化学变化中的最小微粒，由带正电的原子核和围绕原子核运动的电子组成。

电子：构成原子的粒子之一，质量极小，带负电，在原子中围绕原子核旋转。

星等：最早由希腊天文学家喜帕恰斯提出，用来表示星星的亮度。肉眼看到的最亮的星星作为一等星，最暗的星星作为六等星，分成六个等级，一等星比六等星亮 100 倍。星等降低一个等级，亮度就相差 2.5 倍。

北斗七星：在北半球天空中排列成斗（或勺）的七颗亮星，分别为北斗一（天枢）、北斗二（天璇或天璿）、北斗三（天玑）、北斗四（天权）、北斗五（玉衡）、北斗六（开阳）、北斗七（摇光或瑶光）。斗口的北斗二和北斗一的连线延长约 5 倍，就能找到北极星。

本书图片来源：

美国宇航局 https://www.nasa.gov/：第 13~15 页，第 18 页。

本书数据来源：

中国科学院国家天文台 http://www.nao.cas.cn/

中国科学院国家空间科学中心 http://www.nssc.cas.cn/

中国天文学会 http://astronomy.pmo.cas.cn/

全国科学技术名词审定委员会 http://cnterm.cn/

北京天文馆 http://www.bjp.org.cn/

上海天文馆（上海科技馆分馆）https://www.sstm-sam.org.cn/

国际天文学联合会 https://www.iau.org/

参考答案

第 3 页：地球上的夕阳是红色；火星上的夕阳是蓝色；月球上的夕阳是白色。

第 7 页：煮沸的水标记在 100 摄氏度；冰块标记在 0 摄氏度；人体正常体温标记在 37 摄氏度。

第 9 页：

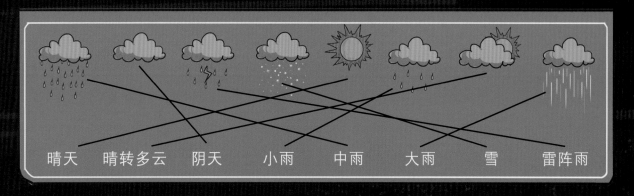

晴天　　晴转多云　　阴天　　小雨　　中雨　　大雨　　雪　　雷阵雨

第 13 页：

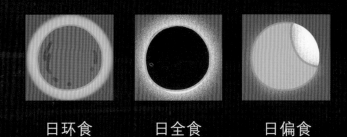

日环食　　　日全食　　　日偏食

第 17 页：按照地球、太阳系、银河系的顺序来贴。

第 21 页：略。

第 31 页：略。

第 32~33 页：春：大熊座；小熊座；牧夫座。

夏：天鹅座；天鹰座；天琴座；天蝎座。

秋：鲸鱼座；飞马座。

冬：小犬座；大犬座；猎户座；金牛座。

微信扫码 关注公众号
获取更多延伸阅读资料

火星叔叔太空课堂

中国飞向太空

郑永春 著

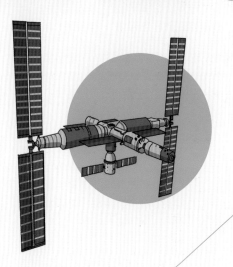

时代出版传媒股份有限公司
安徽少年儿童出版社

图书在版编目（CIP）数据

火星叔叔太空课堂.中国飞向太空 / 郑永春著
.一合肥：安徽少年儿童出版社，2022.10
　　ISBN 978-7-5707-1183-3

　　Ⅰ.①火… Ⅱ.①郑… Ⅲ.①天文学－少儿读物②空
间探索－少儿读物 Ⅳ.① P1-49

　　中国版本图书馆 CIP 数据核字（2021）第 172581 号

HUOXING SHUSHU TAIKONG KETANG ZHONGGUO FEI XIANG TAIKONG

火星叔叔太空课堂 · 中国飞向太空　　　　　　　郑永春　著

出版人：张 堃　　　选题策划：丁 倩 方 军　　　责任编辑：方 军 丁 倩
责任校对：冯劲松　　责任印制：朱一之　　　　　插图绘制：张小燕
装帧设计：智慧树　　实验设计：宁波艺趣文化传播有限公司
出版发行：安徽少年儿童出版社 E-mail:ahse1984@163.com
　　　　　新浪官方微博：http://weibo.com/ahsecbs
　　　　　（安徽省合肥市翡翠路 1118 号出版传媒广场　邮政编码：230071）
　　　　　出版部电话：（0551）63533536（办公室）　63533533（传真）
　　　　　（如发现印装质量问题，影响阅读，请与本社出版部联系调换）
印　　制：合肥华云印务有限责任公司
开　　本：880mm×1230mm　　　1/20　　　印张：8（全 4 册）
版　　次：2022 年 10 月第 1 版　　　　　2022 年 10 月第 1 次印刷

ISBN 978-7-5707-1183-3　　　　　　　　　　　　定价：100.00（全 4 册）

目录

"中国天眼"究竟能看到多远

坐落于我国贵州省平塘县克度镇大山深处的 500 米口径球面**射电望远镜**,被誉为"中国天眼",是目前世界上最大的单口径球面射电望远镜,专门用来接收宇宙中的**射电波**信号。

"中国天眼"由我国天文学家南仁东先生主持建造,于 1994 年提出构想,2007 年批复立项,2011 年正式开工,2016 年 9 月 25 日落成启用。2021 年 4 月 1 日,"中国天眼"向全世界的天文学家开放观测申请。

"中国天眼"有多大？它的球面面积相当于30个标准足球场的大小。如果用它装满水，全世界每人都能分到4瓶500毫升的水。当然，它的面板上有很多小孔，你也别担心真的会装满水啦！下雨的积水都会通过地下暗河排走。

"中国天眼"有多灵敏？如果你在月球上用手机打电话，它也能收到。它比德国的100米口径射电望远镜要灵敏10倍，综合性能比美国305米口径的阿雷西博射电望远镜高出10倍。未来20年到30年里，它都是世界一流的观测设备。

南仁东

南仁东（1945~2017），天文学家、**中国科学院国家天文台**研究员，国家重大科技基础设施500米口径球面射电望远镜（FAST）工程首席科学家兼总工程师。在广袤无垠的宇宙中，有一颗小行星叫"南仁东星"，就是为纪念他而命名的。

望远镜为什么能看那么远

除了射电望远镜，你看到的大多数望远镜是光学望远镜。一般认为，望远镜是由荷兰的一位眼镜商人汉斯于 1608 年发明的。1609 年，天文学家伽利略造出了第一架天文望远镜，物镜为凸透镜，目镜为凹透镜。与眼镜商人不同的是，伽利略没有用它来欣赏风景，而是对准了星空。

伽利略看到月球上有很多凹凸不平的环形山，打破了古人认为天上的星星是完美无缺的想象；他发现木星有 4 颗天然卫星，支持了**哥白尼**提出的**日心说**；他还发现，银河不是天上的一条河，而是由无数颗星星组成的……有了望远镜，你才能看得更远。

通过反射镜或透镜把遥远的暗弱目标发出的光线收集起来，是望远镜能望远的原因。望远镜不仅能让你认识宇宙，还能让你认识地球的渺小，形成更宏大的世界观。

现在，望远镜的大家族里有地面望远镜，也有太空望远镜；有可见光望远镜，也有紫外望远镜、红外望远镜、射电望远镜等。

中国已经建造了大型的光学望远镜——郭守敬望远镜，很快还将建造大型的太空望远镜，与中国空间站一起飞。

凸透镜：中间厚、边缘薄的透镜，有两面凸、一面平一面凸、一面凹一面凸等不同形式。凸透镜可以汇聚光线。爷爷奶奶戴的老花镜就是凸透镜。

凹透镜：中间薄、边缘厚的透镜，有两面凹、一面平一面凹、一面凸一面凹等不同形式。凹透镜可以发散光线。近视眼镜就是一种凹透镜。

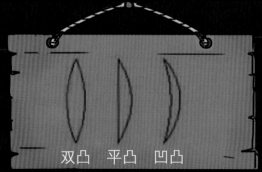

双凸　平凸　凹凸

小实验8　快来制作一架简易的望远镜吧！

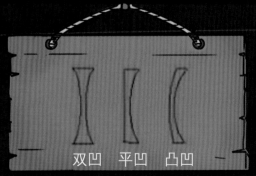

双凹　平凹　凸凹

"长征"火箭家族都有哪些成员

  中国的航天事业始于 1956 年,主流运载**火箭**以"长征"为名,源于毛主席的诗词《七律·长征》。经过 60 多年的努力,"长征"系列火箭已经发展成为能满足不同任务需求的大家族。

一

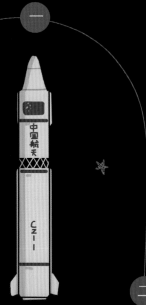

"长征一号"

  1970 年 4 月 24 日,它成功发射了中国第一颗人造卫星"东方红一号",我国因此成为世界上第五个成功发射人造卫星的国家。从 2016 年起,我国把每年的 4 月 24 日定为"中国航天日"。

"长征二号"

  1975 年 11 月 26 日,它成功发射了中国第一颗返回式卫星。改进后的"长征二号 F"型火箭具有极高的可靠性和安全性,专门用于载人航天,被誉为"神箭"。2003 年,它把航天英雄杨利伟送入了太空。

二

四

"长征四号"

  主要用于发射太阳同步轨道卫星。

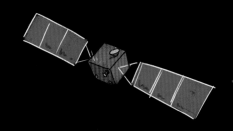

"长征三号"

  1984 年研制成功,其中"长征三号甲"火箭的发射成功率为 100%,被誉为"金牌火箭"。中国第一颗月球探测卫星"嫦娥一号"就是"长征三号甲"火箭发射的。

三

"长征七号"

新一代中型运载火箭，负责发射前往空间站进行货物补给的"天舟"系列货运飞船。

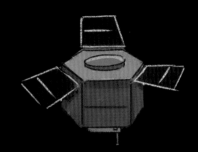

七

"长征五号"

昵称"胖五"，是目前我国起飞推力和运载能力最大的火箭，主要用于运送大型货物和深空探测。"天问一号"奔赴火星，"嫦娥五号"把**月壤**带回地球，都有它的功劳！

五

六

"长征六号"

主要用于发射太阳同步轨道卫星。2015 年，它将 20 颗微小卫星送入太空，创造了新纪录。

"长征八号"

针对太阳同步轨道设计的新型运载火箭，主要承担卫星组网与商业发射等任务。

"长征十一号"

采用固体燃料的运载火箭，能在接到任务后 24 小时内发射。发生自然灾害、突发事件等紧急情况时，快速发射微小卫星进行勘察的任务就交给它喽。

八

十一

还有一款正在研制中的重型运载火箭可以把 100 多吨的货物送入太空，将来中国人登月、从火星采样返回、探索更远的行星，都要等这位神秘大咖出场！

中国航天发射场都在哪里

你知道我国的火箭都是从哪里发射的吗？让我们一起去看看吧！

酒泉卫星发射中心：又称"东风航天城"，始建于 1958 年，位于甘肃省酒泉市东北方向，是中国第一个卫星发射场，主要发射科学卫星、技术试验卫星等，中国的载人飞船和航天员都是从这里飞天的哟！

文昌卫星发射中心：始建于 2009 年，位于海南省文昌市，它纬度低，从这里飞向地球赤道上空距离更近，更省燃料。主要发射空间站核心舱和深空探测器。直径达 5 米的"长征五号"火箭无法通过公路和铁路运输，却能通过海上运输抵达这里。

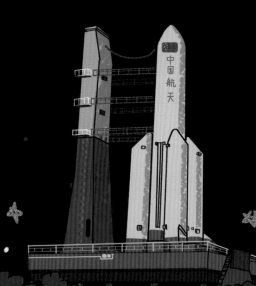

太原卫星发射中心：始建于 1967 年，位于山西省太原市西北方向，主要发射太阳同步轨道多种型号的中、低轨道卫星。透露一个小秘密，太原卫星发射中心实际上不在太原，而是在忻（xīn）州市岢（kě）岚县。

西昌卫星发射中心：始建于 1970 年，位于四川省西昌市冕宁县，以发射地球静止轨道卫星为主，如通信卫星、气象卫星。每年 10 月至次年 5 月，这里天气晴朗、干旱少雨，是最佳的发射季节。有趣的是，西昌被称为"月亮城"，中国第一颗月球探测卫星"嫦娥一号"就是从这里发射的。

海上发射场：2019 年 6 月 5 日，我国在黄海海域成功发射"长征十一号"运载火箭，这是中国首次海上发射任务。海上发射可以灵活选择发射位置，远离人口稠密区，不用担心残骸落下来造成伤害。

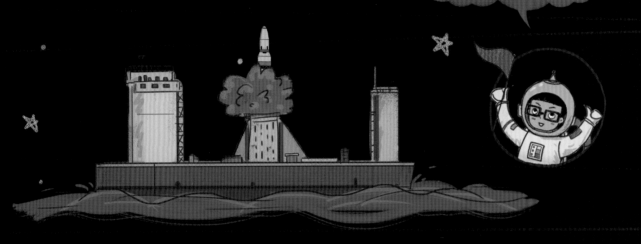

钱学森（1911~2009），中国航天事业的奠基人。他领导组建了我国第一个火箭导弹研制机构，带头开展人造卫星研制工作，保证了第一颗人造卫星"东方红一号"的成功发射。他提出的系统工程思想在航天事业和其他重大科技工程中都发挥了重要作用。他对科学的热情和对祖国的热爱，影响了一代又一代航天人。

火箭

钱学森

北斗卫星为什么能导航

在《银河系大黑洞》那本书中，你知道了北斗七星和北极星可以用来指示方向，那你出门是用什么方式来导航的呢？你听说过 GPS 吗？它是全球定位系统的英文简称。但 GPS 不是我们自己研制的，一旦别人不让我们用了就会出问题。

20 世纪后期，中国开始发展自己的导航系统，经过 20 多年的发展，从"北斗一号"到"北斗三号"的"三步走"，终于建成了北斗卫星导航系统。

第一步："北斗一号"，服务国内

1994 年，启动"北斗一号"系统建设；到 2003 年共发射 3 颗地球静止轨道卫星，为中国用户提供定位、授时、短报文通信等服务。"北斗一号"从无到有，使中国成为世界上第三个拥有卫星导航系统的国家。

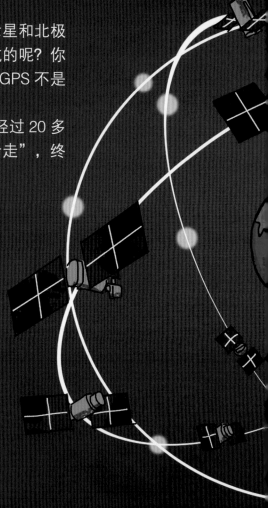

第二步："北斗二号"，服务亚太

2004 年，启动"北斗二号"系统建设；2012 年，完成发射组网，为亚太地区提供定位、测速、授时和短报文通信等服务。"北斗二号"提供了卫星导航系统的中国方案。

　　2009 年，“北斗三号”系统启动建设，2020 年全面建成。

　　“北斗三号”系统为全球用户提供定位、测速、授时、短报文通信和国际搜救等服务。

北斗卫星导航系统标志

　　圆形象征“圆满”。太空和地球代表航天事业。太极阴阳鱼代表传统文化。北斗七星是古人辨识方位的依据。**司南**是世界上最早的导航装置，既代表了中国古代的科技成就，又象征着北斗系统具有定位、导航、授时的能力。

　　从导航卫星的信号发出，到地球上的接收机收到信号，存在时间延迟，这个时间值乘以光速，就能算出你和卫星的距离。为了精确定位你所在的位置，至少应该收到来自 4 颗卫星的信号。因此，卫星导航系统要有几十颗卫星才能全球组网。北斗卫星导航系统由不同轨道的 30 颗卫星为全球用户提供服务。

北斗卫星导航系统有什么用

⑤

①

防灾减灾

提高灾害预警和搜救能力。

地质勘探

精准预测自然资源的位置。

北斗卫星导航系统工程首任总设计师孙家栋院士曾经说过："北斗的应用只受人类想象力的限制。"

快来看看它都有哪些用途吧！

动手动脑： 快把"北斗"的本领与相应的序号连上吧！

②

野生动物保护

了解野生动物的迁徙路线。

交通出行

为你到达目的地提供最佳路线。

气象服务

让天气预报越来越精准。

④

③

动手动脑： 敢不敢来一场天文知识闯关挑战赛？

13

"神舟"系列飞船都有什么不同

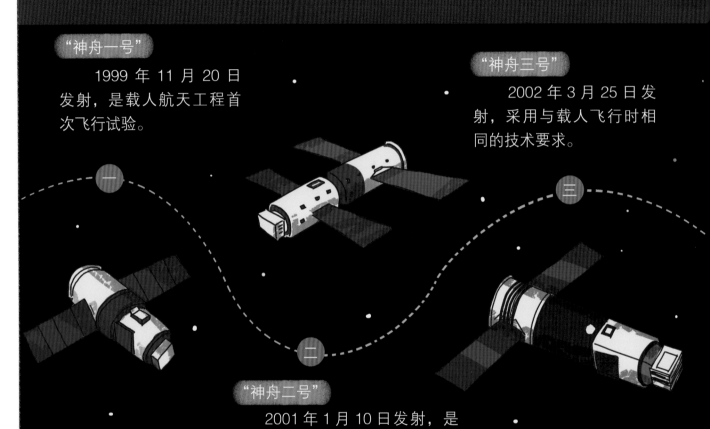

"神舟一号"

1999 年 11 月 20 日发射,是载人航天工程首次飞行试验。

"神舟三号"

2002 年 3 月 25 日发射,采用与载人飞行时相同的技术要求。

"神舟二号"

2001 年 1 月 10 日发射,是中国第一艘正式样机的无人飞船。

载人航天工程是我国在 20 世纪末至 21 世纪初规模最庞大、技术最复杂的航天工程。从 1999 年到 2022 年 10 月,"神舟"系列飞船已经成功发射 14 次,圆满完成各项任务。虽然每艘"神舟"飞船执行的任务不同,但通过多次飞行试验,飞船的技术状态逐渐稳定,乘坐体验越来越好。

"神舟五号"

2003 年 10 月 15 日发射，将航天英雄杨利伟送入太空，使我国成为世界上第三个独立掌握载人航天技术的国家。

五

四

"神舟四号"

2002 年 12 月 30 日发射，除没有载人外，技术状态与载人飞船完全一致。

六

"神舟六号"

2005 年 10 月 12 日发射，首次将费俊龙和聂海胜两名航天员同时送入太空。

1992 年 9 月 21 日，中国决定实施载人航天工程，确定了"三步走"的发展战略。
第一步，通过四次无人飞行任务和"神舟五号""神舟六号"两次载人飞行任务，把航天员送入太空，掌握载人天地往返技术。

第二步，通过"神舟七号"载人飞行任务，"神舟八号""神舟九号""神舟十号"与"天宫一号"目标飞行器的交会对接任务，以及"天宫二号"空间实验室与"神舟十一号"载人飞船、"天舟一号"货运飞船的交会对接任务，掌握航天员太空行走、飞行器交会对接、航天员中长期驻留等技术，开展短期有人照料的空间应用实验。

"神舟八号"

2011年11月1日发射，不载人飞行，与"天宫一号"目标飞行器成功对接。

八

七

九

"神舟七号"

2008年9月25日发射，把翟志刚、刘伯明和景海鹏送入太空，翟志刚实现中国人首次太空行走。

"神舟九号"

2012年6月16日发射，把景海鹏、刘旺和刘洋送入太空，与"天宫一号"目标飞行器自动交会对接。

第三步，建成中国空间站并长期稳定运营，开展较大规模的、长期有人照料的空间应用实验，具备开发利用太空资源的能力。

"天宫二号"是空间站的简化版，2016年9月15日发射，先后与"神舟十一号"载人飞船、"天舟一号"货运飞船交会对接，2019年7月19日受控离轨并再入大气层，少量残骸落入南太平洋预定海域。

"神舟十号"

2013年6月11日发射，把聂海胜、张晓光、王亚平送入太空，与"天宫一号"目标飞行器自动交会对接并认证了手动交会对接技术。

"神舟十二号"

2021年6月17日发射，把聂海胜、刘伯明、汤洪波送入中国空间站天和核心舱，驻留3个月。这是中国人首次进入自己的空间站。

"神舟十一号"

2016年10月17日发射，把景海鹏、陈冬送入太空，与"天宫二号"空间实验室自动交会对接，为中国空间站建造运营和航天员长期驻留奠定基础。

2021年10月16日，翟志刚、王亚平、叶光富乘坐"神舟十三号"进入太空，在轨工作6个月后成功返回地面。2022年6月5日，陈冬、刘洋、蔡旭哲乘坐"神舟十四号"飞船进入太空接替工作。此后，由"神舟"和"天舟"搭建起来的天地往返航班将交替发射，保证中国空间站的稳定运营。

在地面上能看到中国空间站吗

空间站是一种可以在近地轨道长时间运行，可供多名航天员访问、长期工作和生活的载人航天器。

中国空间站是我国自主建设、运行在近地轨道上的大型空间站。建成中国空间站是载人航天工程"三步走"计划的最终目标。

在建造空间站之前，中国已经完成了"天宫一号"目标飞行器、"天宫二号"空间实验室和"神舟"系列飞船的对接任务，为空间站的建设奠定了技术基础。

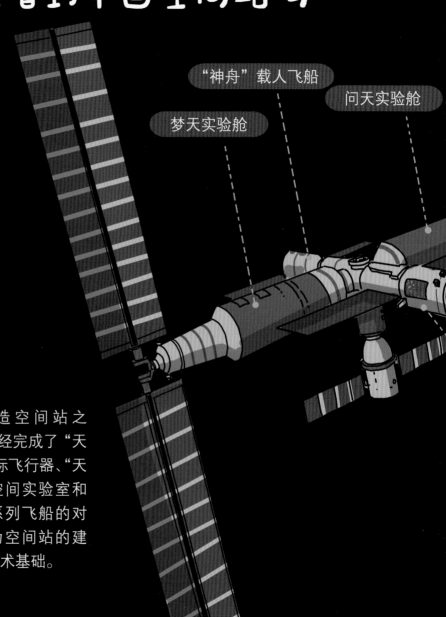

"神舟"载人飞船

问天实验舱

梦天实验舱

发射"天宫一号"是为了验证航天器交会对接技术，它于2011年9月29日发射，先后与"神舟八号""神舟九号""神舟十号"交会对接，2018年4月2日完成使命并坠毁。

中国空间站基本构型包括天和核心舱、梦天实验舱和问天实验舱三个舱段，每个舱均为20吨级，三舱组合体总重量约66吨。空间站整体呈"T"字形状，核心舱居中，两个实验舱连接于两侧。

2021年4月，中国空间站天和核心舱发射。2021年5月，"天舟二号"货运飞船发射，与天和核心舱交会对接。此后，"天舟"系列货运飞船承担空间站的物资补给任务，"神舟"系列载人飞船将一批批航天员送入空间站进行轮换。

"天舟"货运飞船

天和核心舱

中国空间站每90分钟绕地球一圈，一晚上你能看到它好几次。未来十几年，你都能看到中国空间站在群星间穿越，看到中国人常驻天宫，这真是太棒了！在网上搜索关键词"空间站过境"，就能查到空间站从你头顶飞过的时间，届时抬头就能看到它哟！

为什么要建空间站.

1971年4月19日，苏联发射了人类历史上第一个空间站——"礼炮1号"，使人类可以在太空中长期生存，为建设更大规模的空间站奠定了基础。此后，苏联又陆续发射了"礼炮2号"到"礼炮7号"6个空间站。

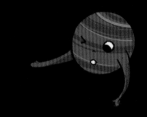

对准喽!

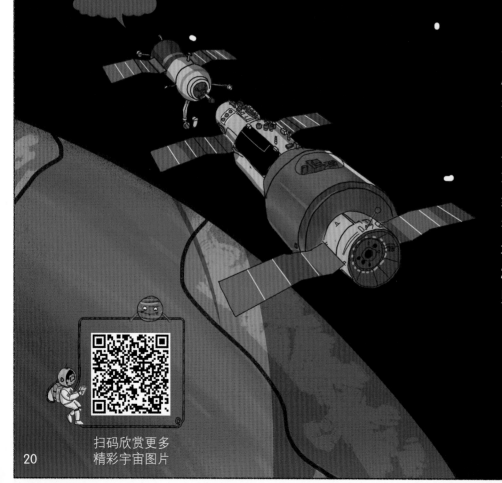

1986年2月20日，苏联"和平号"空间站核心舱进入太空，之后，像搭积木一样分步建设，成为人类历史上第一座以舱段模块搭建的大型空间站。它成功运行15年，绕地球运行8万多圈，飞行35亿千米，相当于在地月之间往返4500多次；2001年3月，完成使命，坠落在南太平洋海域。

扫码欣赏更多
精彩宇宙图片

国际空间站于1998年开工，2010年建成，由16个国家合作建设，是人类在太空中规模最大的基础设施；宽109米，长73米，高20米，重达419吨，内部容积916立方米。

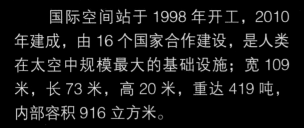

我老了，未来看你们的了！

当年，中国曾经希望参与国际空间站建设，但被以各种理由阻挡在外，只能卧薪尝胆，建设自己的空间站。现在，国际空间站像一栋老房子，经常发生各种故障，而我们建成的中国空间站以明亮的空间和崭新的设备，吸引着各国航天员的目光。

建设空间站投资很大，我们能得到哪些回报呢？空间站拥有地球上无法比拟的特殊环境，可以研发新的药物和医疗技术、水和空气的循环净化技术、太空机器人等，开展许多尖端科学研究，造福地球上的人类，同时为人类走向深空奠定基础。

在太空中怎样吃喝拉撒睡

吃饭

你可能听说过，航天员只能吃牙膏状的食物或压缩饼干，味同嚼蜡，那早已是过去的事啦！随着技术的发展，食物的种类越来越丰富，不仅有不同口味的菜品，还有生日蛋糕、冰激凌等。但新鲜的蔬菜和水果仍然稀缺，每隔半年才能送一次，所以发展太空农场是当务之急啊！

空间站处于**失重**状态，餐具会飞起来，所以一定要用粘扣或磁力桌面把它们固定住。为了防止食物到处乱飞，太空食品大多采用"一口吃"的小包装。

你如果要喝水、汤或吃果酱等流体食物，就要从塑料口袋或软铝管里，一点一点往嘴里挤。要是一下没接住，它们就会变成一个个水球飞走了。对了，航天专家还发明了太空茶具，中国航天员已经喝上了太空茶。

睡觉

如果想睡一个安稳觉，你就要找个地方把睡袋拴起来，然后把自己绑在睡袋里。记得要把手和脚也都固定住哟，不然，睡着的时候就会张牙舞爪，翻一个身就可能会飘到别的地方去了。

娱乐

在空间站里，即便工作繁忙，你仍然有自己的业余时间，看书、听音乐、看电影，不过你最喜欢的可能还是对着脚下的地球发呆。

让你意想不到的是，在太空中还能打扑克，不过需要用一种特殊的桌子。你出牌后，牌会被吸住，不然，它要是飞到对手那里去，这牌就没法打了。

洗漱

半个多世纪前，航天员如果要小便，只能尿到裤子上。美国第一位航天员谢泼德就是穿着湿漉漉的航天服上太空的。后来，科学家发明了纸尿裤。你小时候没有变成红屁股，也得益于载人航天事业哟！在空间站里，你如果要大小便，就要用专门的太空马桶，它会像吸尘器一样，把屎和尿统统吸走。

在太空中洗澡是很麻烦的，你需要用特殊的肥皂和洗发水，抹在身上后不需要用水冲洗，用毛巾直接擦干就可以了。

在太空中生病了怎么办

运动

在太空中长期生活，你的身体会发生一些变化。每个月，你的骨质都会流失，因为在这里一切都是失重的，你的身体不再需要骨架作为支撑。如果不抓紧锻炼，在太空中待上一段时间之后，你的身体就可能会变成没有骨骼的皮囊哟。就像长期待在漆黑的洞穴中的盲鱼，眼睛的功能完全退化了。

对空间站上的航天员来说，健身可不是为了臭美，而是为了"保住"骨骼和肌肉。你可以在运动器械上原地跑步、蹬自行车，还可以穿上"企鹅服"使肌肉处于紧张状态，动一下就得使劲，以此达到锻炼肌肉的目的。有趣的是，你在锻炼时，汗水不会滴落下来，而是沾在脸上，随着运动节律颤动。你知道吗？有的国家还会发钱给航天员，要求他们每天必须运动两个小时。天哪，健身居然不花钱，还可以赚钱！

太空晕动病

你会晕车或晕船吗？这可能是晕动病的表现。在太空中，你也许会出现头晕、呕吐等症状，很多新手航天员会"吐晕"在卫生间。有些航天员在地面上容易晕车或晕船，在太空中却没事；有些航天员则相反。通常在一周内，太空晕动病就会完全消失。

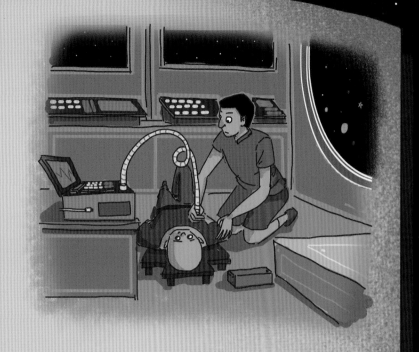

在太空中，你要是生病了怎么办呢？别着急，空间站上配备了常用药，地面上的医生可以远程会诊，明确治疗方案。如果遇到紧急情况，还可以通过空间站上长期停泊的载人飞船紧急返航。不过，这种情况还从来没有出现过。

怎样成为航天员呢

载人航天是一项十分复杂的任务，人是载人航天活动的核心。那么，什么样的人才有机会成为航天员，进入太空呢？

其次，对太空和宇宙探索有浓厚的兴趣，学习成绩优异。

首先，有一个强健的身体，适应与耐受特殊的太空环境。

再次，综合能力强。在空间站工作，你不仅是科学家、航天器操作员，还要充当电工、水管工、医生等角色。要想把这些角色都做好，是很不容易的。

最后，由于长期处于精神高度紧张的状态，要学会自我调节，缓解压力，灵活处理各种问题，特别是长期不能与家人在一起导致的孤独和无助。

太空百科全书

在载人航天事业的发展过程中，涌现了许多优秀航天员，如"中国飞天第一人"杨利伟、"中国太空行走第一人"翟志刚、中国首位女航天员刘洋、中国第一位在太空授课的航天员王亚平……他们和成千上万的航天人一起，孕育了伟大的"载人航天精神"——特别能吃苦，特别能战斗，特别能攻关，特别能奉献。

中国探月为什么要分"三步走"

中国探月工程从 20 世纪 90 年代开始论证，2004 年立项实施，到 2020 年成功采集月壤带回地球。中国航天人通过十几年的努力，实现了"绕、落、回"——"三步走"的目标。

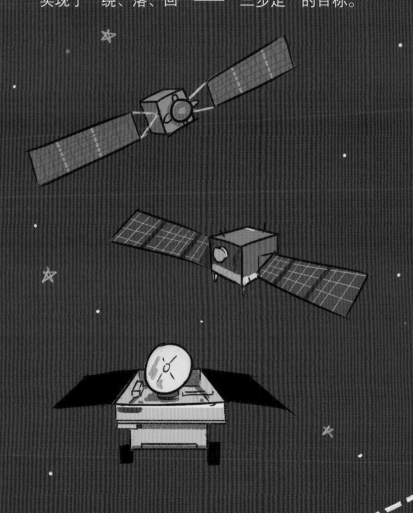

发射月球软着陆探测器，驾驶月球车，在着陆区附近进行详细探测。

2013 年，"嫦娥三号"着陆器和"玉兔号"月球车登陆月球正面的虹湾地区；2019 年 1 月 3 日，"嫦娥四号"着陆器在月球背面软着陆，成为人类历史上第一个登陆月球背面的航天器，随即"玉兔二号"月球车对月球背面展开巡视探测。

发射探测器环绕月球飞行，对全月球进行**遥感**探测。

2007 年 10 月 24 日，发射"嫦娥一号"，在月球表面 200 千米高度绕月飞行；2010 年 10 月 1 日，发射"嫦娥二号"，在月球表面 100 千米高度绕月飞行。

落

回

发射"嫦娥五号"探测器，由轨道器、返回器、着陆器和上升器组成。其中，轨道器和返回器绕月飞行，着陆器和上升器登月。着陆器上的机械臂采集月壤，上升器携带月壤起飞，在月球上空与轨道器和返回器交会对接，将月壤转移到返回器。返回器与轨道器分离，飞回地球，进入大气层，着陆内蒙古四子王旗着陆场，将月壤带回地球。

2020 年 12 月 17 日，"嫦娥五号"探测器成功将月壤带回地球。

扫码欣赏更多
精彩宇宙图片

别着急，好戏还在后头呢！"绕、落、回"只是三小步，都属于探月阶段。探月完成之后，登月和驻月也将逐步实现。

29

"嫦娥五号"带回来的月壤怎么分

　　整个月球表面都覆盖着一层月壤，它是人类利用月球资源、建设月球基地的重要原料。"嫦娥五号"共采集 1731 克月壤，使中国成为世界上第三个采回月壤的国家。由于现代分析仪器比以前先进得多，样品重量已经足够满足科研需求。通过对"嫦娥五号"月壤样品的分析，科学家发现，这是迄今最年轻的月球岩石，比"阿波罗计划"采回的月壤还要年轻 10 亿岁，说明月球在 20 亿年前仍有岩浆活动。

　　"嫦娥五号"采集回来的月壤，主要保存在中国科学院国家天文台。为了应对可能发生的自然灾害，还有一部分储存在湖南韶山。韶山是毛主席的故乡，1965 年，他重上井冈山，写下了"可上九天揽月，可下五洋捉鳖"的豪迈诗句，如今中国航天人用实际行动让伟人的夙愿得以实现。

"嫦娥五号"带回来的月壤有什么用？

科学研究

探索月球的起源与演化历史，这是探月工程的主要科学目标。

科普教育

在国家博物馆长期展出，还将举办月壤巡展，面向青少年开展科学教育。

"月亮之上"是探月工程的标识，以中国书法的笔触勾勒出一轮圆月，踏在月亮上的脚印代表了月球探测的终极梦想——载人登月；圆弧的起笔处像个龙头，象征中国航天事业如巨龙腾飞而起；落笔处的一群和平鸽表达了和平利用太空的美好愿望。

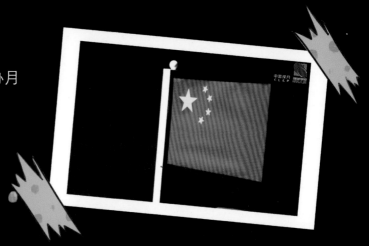

五星红旗在月球上成功展开，由"嫦娥五号"着陆器上的全景相机拍摄。

国际合作

与其他国家的科学家进行合作研究，作为国礼赠送他国。

为什么要探索火星

你已经知道月球的环境十分严酷，不适合长期居住。那么如果向太空移民，应该选择哪个星球呢？在太阳系中，火星与地球的环境最相似，是深空探测的重点。从1960年开始，世界各国已经开展了40多次火星探测任务。现在，中国也加入其中了。

"揽星九天"是我国首次火星探测任务的标识，也是中国行星探测计划的整体标识。其中包括八颗行星环绕太阳运行的轨道，说明中国不仅将探测火星，还将探测太阳系的其他天体。

2020年7月23日，中国在海南文昌卫星发射中心发射了"天问一号"探测器，首次任务就实现了对火星的环绕、着陆、巡视三大目标。

《天问》是2300多年前爱国诗人屈原写的一首长诗，展现了中国人对天地万物的好奇和追求真理的决心。

2020 年 10 月 1 日，"天问一号"在奔向火星的途中，进行了首次深空"自拍"。

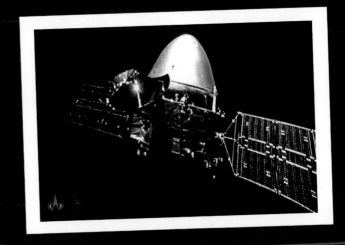

"天问一号"离地球约120 万千米处时，给地球（大）和月球（小）拍了一张合影。你看，地球看起来很像一轮弯月，它俩多温馨啊！

2021 年 5 月 15 日，"祝融号"火星车成功着陆乌托邦平原，使中国成为世界上第二个成功登陆火星的国家。现在，"祝融号"正在火星上撒欢呢！

火星探测器为什么会扎堆发射

　　2020 年 7 月 20 日，阿联酋发射了"希望号"火星探测器；3 天后，中国发射了"天问一号"；又过了一周，美国发射了"毅力号"火星车。为什么它们都选择在这一时间段发射呢？

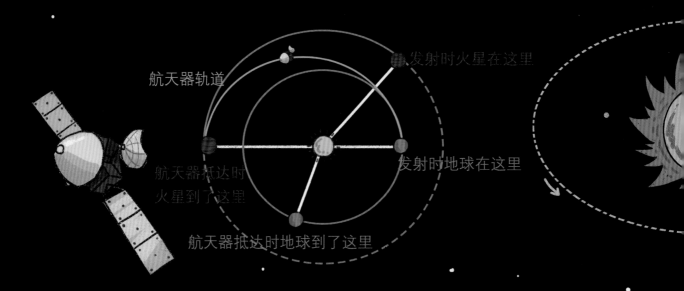

航天器轨道

发射时火星在这里

航天器抵达时火星到了这里

发射时地球在这里

航天器抵达时地球到了这里

　　2020 年 7 月到 8 月，是火星探测器发射的"窗口期"。在太阳系中，水星和金星环绕太阳，分别在第一条和第二条轨道运行；地球在第三条轨道运行，火星在第四条轨道运行，就像城市中的三环路和四环路。探测器从地球出发后，沿着现在地球的位置与半年后火星所在的位置连接成的抛物线，飞向火星。

　　图中绿色的抛物线就像三环路和四环路之间的连接线，是从地球去火星最节省能源的路线，由德国物理学家霍曼通过计算发现，称为霍曼转移轨道。航天器要进入这条轨道，就要在火星位于地球前方 44° 时发射。一旦错过，就要等地球绕太阳再转 2 圈多，地球和火星回到原来的相对位置时再发射，这一等就是 26 个月。所以，每 26 个月才有一次去火星的机会，抓紧时机，上车喽！

火星上的大气很稀薄，探测器刚抵达火星附近时，速度很快，要通过大气摩擦、打开降落伞、发动机反推等多种方式减速，才能成功登陆火星。这个过程十分复杂，被称为"黑色七分钟"。

地球上发给火星探测器的信号，要十几到二十几分钟后才能被收到，因此，火星车就是一个智能机器人，大多数情况下能按预先设定的程序工作：遇到简单问题时，根据预先设计好的方案处理；遇到不能解决的复杂问题时，进入安全模式，关闭不必要的设备，然后等待地球上的工程师告诉它解决方案后再处理。

35

航天梦　中国梦

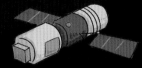

　　天文学的发展，离不开望远镜。1608 年，人类发明了望远镜。400 多年来，从地面望远镜到太空望远镜，从光学望远镜到射电望远镜，望远镜的类型越来越多，功能越来越强。

　　航天事业的发展，离不开火箭和卫星。1957 年，第一颗人造卫星发射，标志着人类进入了太空时代。几十年来，不仅地球周围遍布各种航天器，还有 200 多个航天器抵达了太阳系中的其他星球。

　　"中国天眼"发现了很多脉冲星，北斗卫星导航系统方便了我们的生活，中国空间站你抬头就能看到，"嫦娥五号"从月球上采回了月壤，"祝融号"火星车成功登陆火星……未来，载人登月、探测小行星、建设月球基地……更多的惊喜在等着你！

　　望远镜和航天器，都是人类探索太空、认识宇宙的重要工具。科学家和航天工程师紧密合作，把望远镜送入太空，把各种分析仪器送到天体表面，让你的视线不再受到大气层的阻挡，让你看到其他星球上的壮丽景色，让建设航天强国、科技强国的中国梦走向现实。

我们的征途是星辰大海！

词汇表

射电望远镜：就像光学望远镜收集可见光一样，射电望远镜收集来自恒星、星系、黑洞和其他天体的微弱无线电信号，聚焦、放大后供天文学家分析。

射电波：天文学中的独有说法，其他学科通常叫微波和无线电波。手机信号、家用微波炉、收音机，都工作在射电波段，波长从厘米波到米波。

中国科学院国家天文台：成立于 2001 年 4 月，总部设在北京，包括云南天文台、南京天文光学技术研究所、新疆天文台和长春人造卫星观测站。负责建设"中国天眼"、郭守敬望远镜等科学工程。

哥白尼：波兰天文学家，日心说创立者，近代天文学的奠基人。

日心说：认为太阳是宇宙的中心，地球和其他行星都围绕太阳转动。该学说认为地球是运动的，否定了认为地球是静止的地心说，在科学发展史上具有划时代的意义。

火箭：利用发动机反冲力推进的飞行器。速度很快，用来运载人造卫星、宇宙飞船等，也可以装上弹头和制导系统等制成导弹。

月壤：覆盖整个月球表面的一层碎屑粉末。月壤不含水，不含有机物质和黏土矿物，颗粒有尖锐的棱角，接触地球大气后会被污染，因此必须在高纯氮气中妥善保管。

司南：我国古代辨别方向用的一种仪器，是现在所有指南针的始祖。用天然磁铁矿石琢成一个勺形的东西，放在光滑的圆盘上，盘上刻有方位，利用磁铁指南的特性，可以辨别方向。

失重：物体失去原有的重量。是由于物体在高空中所受地心引力变小或物体向地球中心方向做加速运动而引起的。如升降机开始下降时就有失重现象。

遥感： 运用传感器或遥感器，探测物体对电磁波的辐射或反射特性，是一种远距离、非接触式的探测技术。

屈原： 战国时楚国诗人，是诗歌体裁"楚辞"的创立者和代表作者。主要作品有《离骚》《九歌》《九章》《天问》等。他创作的《楚辞》是中国浪漫主义文学的源头，与《诗经》并称"风骚"，对后世诗歌创作产生了深远影响。

本书图片来源：

中国科学院国家天文台 http://www.nao.cas.cn/：第 11 页，第 31~33 页。

本书数据来源：

中国运载火箭技术研究院 http://calt.spacechina.com/

中国空间技术研究院 https://www.cast.cn/

全国科学技术名词审定委员会 http://cnterm.cn/

中国载人航天工程办公室 http://www.cmse.gov.cn/

国家航天局探月与航天工程中心 http://clep.cnsa.gov.cn/

美国宇航局喷气推进实验室 https://www.jpl.nasa.gov

国际天文学联合会 https://www.iau.org/

参考答案

第 12~13 页： ①野生动物保护；②交通出行；③防灾减灾；④地质勘探；⑤气象服务。

微信扫码 关注公众号

获取更多延伸阅读资料